高等职业教育系列教材

UG NX 12.0 三维设计实例教程

主　编　郑贞平　张小红

副主编　于　多　朱耀武

参　编　陈玲英　陈　平

主　审　刘摇摇

机械工业出版社

本书从工程实用的角度出发，通过实例精讲的形式，详细介绍 UG NX 12.0 中文版造型的基本功能、基本过程、方法和技巧。

本书注重工程实践能力和职业技能的训练。在编写过程中特别注意以实际工程应用为目的、以造型为基本、以项目开发为辅助、以必需和够用为原则，为读者的进一步学习和职业发展打下良好的专业基础。

本书结构严谨、内容丰富、条理清晰、实例经典，内容编排由浅入深。本书可以作为高职高专院校和职业本科院校数控技术、模具设计与制造、机电一体化技术、机械制造及自动化等专业 CAD/CAM 课程的教材，同时也适合广大 UG NX 初、中级用户使用和参考。

本书配有授课电子课件、源文件和教学视频，需要的教师可登录机械工业出版社教育服务网 www.cmpedu.com 免费注册后下载，或联系编辑索取（微信：15910938545，电话：010-88379739）。

图书在版编目（CIP）数据

UG NX 12.0 三维设计实例教程 / 郑贞平，张小红主编. —北京：机械工业出版社，2021.9（2023.8 重印）
高等职业教育系列教材
ISBN 978-7-111-68526-5

Ⅰ. ①U… Ⅱ. ①郑… ②张… Ⅲ. ①计算机辅助设计－应用软件－高等职业教育－教材 Ⅳ. ①TP391.72

中国版本图书馆 CIP 数据核字（2021）第 119301 号

机械工业出版社（北京市百万庄大街 22 号　邮政编码 100037）
策划编辑：曹帅鹏　　责任编辑：曹帅鹏
责任校对：张艳霞　　责任印制：刘　媛

涿州市般润文化传播有限公司印刷

2023 年 8 月·第 1 版·第 3 次印刷
184mm×260mm·17.75 印张·438 千字
标准书号：ISBN 978-7-111-68526-5
定价：69.00 元

电话服务	网络服务
客服电话：010-88361066	机　工　官　网：www.cmpbook.com
010-88379833	机　工　官　博：weibo.com/cmp1952
010-68326294	金　书　网：www.golden-book.com
封底无防伪标均为盗版	机工教育服务网：www.cmpedu.com

前 言

党的二十大报告指出，坚持把发展经济的着力点放在实体经济上，推进新型工业化，加快建设制造强国。推动制造业高端化、智能化、绿色化发展，计算机辅助设计是重要的技术支撑。掌握计算机辅助设计软件是高等职业院校相关专业学生重要的技能基础。

UG NX 12.0 是由 Siemens PLM Software 公司推出的面向制造行业的 CAID/CAD/CAE/CAM 高端软件，是当今世界最先进、最流行的工业设计软件之一。它集合了概念设计、工程设计、分析与加工制造的功能，实现了优化设计与产品生产过程的组合，广泛应用于机械、汽车、模具、航空航天、消费电子、医疗仪器等行业。

编者经过多年的教学实践，结合学生需要掌握的知识和技能，确定了教材的编写内容。本书以 UG NX 12.0 软件为平台，从应用角度系统地介绍了 UG NX 12.0 的基本知识、曲线和草图功能、几何造型技术以及装配建模功能等。本书突出应用性，体现先进性，在编写时力求实用性，将学习方法和技能培养有机结合，重在培养学生应用专业软件进行产品造型的能力，以适应我国高等职业教育发展和高级应用型技术人才培养的需要。

为了使学生和读者尽快掌握 UG NX 12.0 的使用和设计方法，编者集多年的设计、培训和教学经验为一体，以高等职业教学模式为指导，根据软件的实际应用的步骤，由浅入深、图文并茂地全面介绍了 UG NX 12.0 中文版软件的基本应用和操作技巧。

全书共 8 章，主要内容包括 NX 12.0 基本应用概述、NX 12.0 建模通用知识、草图的绘制、创建和编辑曲线、零件设计、曲面设计、装配设计和工程图设计。

本书实例丰富、代表性强，技术含量高，每章都有几个典型实例，这些实例具有较强的实用性、指导性和可操作性。

本书由郑贞平（无锡职业技术学院）、张小红（无锡职业技术学院）主编，于多、朱耀武任副主编，刘摇摇主审。参与编写的人员还有陈玲英、陈平，他们在资料收集和整理，以及技术支持方面做了大量的工作。本书在编写过程中还得到了无锡锡园科技有限公司李全兴高工的指导和帮助，并提出了许多宝贵意见，在此一并表示感谢！

由于编者水平有限，加之时间仓促，书中缺点和错误之处难免。恳请广大读者批评指正，以便我们今后改进。

编 者

二维码资源索引

序号	资源名称	页码	序号	资源名称	页码
1	1-1 启动 NX 12.0	1	35	5-9 孔特征	132
2	1-2 退出 NX 12.0	2	36	5-10 综合应用实例	142
3	2-1 坐标系基本概念	15	37	5-11 应用实例	152
4	2-2 工作坐标系的创建	16	38	5-12 综合实例 1	165
5	2-3 坐标系的变换	17	39	5-13 综合实例 2	171
6	2-4 坐标系的显示与保存	18	40	5-14 练习题 1	174
7	2-5 点构造器	19	41	5-15 练习题 2	174
8	2-6 类选择构造器	20	42	6-1 曲线成片体	180
9	2-7 矢量构造器	22	43	6-2 直纹面	180
10	2-8 基准平面	23	44	6-3 通过曲线组	182
11	2-9 基准轴	25	45	6-4 通过曲线网格	183
12	2-10 设置图层	36	46	6-5 扫掠	184
13	2-11 在视图中可见	37	47	6-6 N 边曲面	186
14	2-12 移动至图层	37	48	6-7 应用实例	186
15	2-13 复制至图层	38	49	6-8 综合实例 1	196
16	2-14 应用实例	38	50	6-9 综合实例 2	199
17	3-1 实例 1	52	51	7-1 综合实例 1	225
18	3-2 实例 2	53	52	7-2 综合实例 2	228
19	3-3 草图综合实例 1	71	53	8-1 进入制图功能模块	235
20	3-4 草图综合实例 2	74	54	8-2 工程图工作界面	236
21	3-5 练习题 1	77	55	8-3 新建图纸页	239
22	4-1 基本曲线	80	56	8-4 编辑图纸页	240
23	4-2 直线	84	57	8-5 基本视图	240
24	4-3 曲线应用实例	106	58	8-6 添加投影视图	242
25	4-4 练习题 1	110	59	8-7 添加局部放大图	242
26	4-5 练习题 2	110	60	8-8 简单剖视图	245
27	5-1 长方体	113	61	8-9 阶梯剖视图	246
28	5-2 圆柱体	114	62	8-10 半剖视图	247
29	5-3 圆锥体	114	63	8-11 旋转剖视图	247
30	5-4 应用实例	118	64	8-12 展开剖视图	248
31	5-5 拉伸特征	120	65	8-13 局部剖视图	248
32	5-6 旋转特征	123	66	8-14 断开视图	251
33	5-7 实例 1	124	67	8-15 尺寸标注	257
34	5-8 实例 2	128			

目 录

前言
二维码资源索引

第1章 NX 12.0 基本应用概述 ··········· 1
1.1 NX 12.0 工作界面和基本操作 ······· 1
 1.1.1 NX 12.0 的启动和退出 ········· 1
 1.1.2 NX 12.0 工作界面 ············· 2
 1.1.3 文件操作 ······················· 4
 1.1.4 编辑对象操作 ················· 8
 1.1.5 鼠标和键盘操作 ·············· 9
 1.1.6 参数设置 ······················ 10
1.2 功能区 ·························· 12
 1.2.1 功能区选项卡的设置 ········ 12
 1.2.2 常用功能区选项卡 ·········· 13
1.3 思考与练习题 ······················ 14

第2章 NX 12.0 建模通用知识 ········· 15
2.1 坐标系的设置 ······················ 15
 2.1.1 坐标系基本概念 ············ 15
 2.1.2 工作坐标系的创建 ·········· 16
 2.1.3 坐标系的变换 ················ 17
 2.1.4 坐标系的显示与保存 ········ 18
2.2 常用操作工具 ······················ 19
 2.2.1 点构造器 ······················ 19
 2.2.2 类选择构造器 ················ 20
 2.2.3 矢量构造器 ················· 22
 2.2.4 基准特征 ····················· 23
2.3 视图操作和布局 ··················· 26
 2.3.1 视图操作 ······················ 26
 2.3.2 设置定向视图 ················ 28
 2.3.3 视图布局 ······················ 29
2.4 对象操作 ·························· 30
 2.4.1 对象显示属性 ················ 31
 2.4.2 对象颜色属性 ················ 31
 2.4.3 隐藏对象 ······················ 32
 2.4.4 删除对象 ······················ 32
 2.4.5 对象的几何变换 ············ 32
2.5 图层管理 ·························· 35
 2.5.1 层类目设置 ···················· 35
 2.5.2 设置图层 ······················ 36
 2.5.3 在视图中可见 ················ 37
 2.5.4 移动至图层 ················· 37
 2.5.5 复制至图层 ················· 38
 2.5.6 应用实例 ······················ 38
2.6 思考与练习题 ······················ 40

第3章 草图的绘制 ······················ 41
3.1 草图概述 ·························· 41
 3.1.1 草图的基本概念 ············ 41
 3.1.2 直接草图和任务环境中的草图 ··· 41
 3.1.3 草图工作平面 ················ 42
 3.1.4 创建草图的一般步骤 ········ 45
3.2 草图曲线的绘制 ··················· 45
 3.2.1 草图绘制 ······················ 45
 3.2.2 轮廓 ··························· 47
 3.2.3 直线 ··························· 48
 3.2.4 圆弧 ··························· 48
 3.2.5 圆 ····························· 49
 3.2.6 矩形 ··························· 50
 3.2.7 绘制多边形 ················· 50
 3.2.8 绘制艺术样条 ················ 51
 3.2.9 草图绘制实例 ················ 52
3.3 草图操作和编辑 ··················· 54
 3.3.1 偏置曲线 ······················ 55
 3.3.2 阵列曲线 ······················ 55
 3.3.3 镜像曲线 ······················ 59
 3.3.4 派生直线 ······················ 59
 3.3.5 快速修剪 ······················ 60
 3.3.6 快速延伸 ······················ 61
 3.3.7 草图圆角 ······················ 62
 3.3.8 草图倒斜角 ················· 62
 3.3.9 添加现有曲线 ················ 63
3.4 草图约束 ·························· 63

  3.4.1 自动判断约束和自动尺寸标注 …… 64
  3.4.2 几何约束 …… 65
  3.4.3 尺寸约束 …… 68
  3.4.4 编辑草图约束 …… 69
 3.5 草图应用实例 …… 71
  3.5.1 草图综合实例 1 …… 71
  3.5.2 草图综合实例 2 …… 74
 3.6 思考与练习题 …… 77
第 4 章 创建和编辑曲线 …… 79
 4.1 基本曲线的绘制 …… 79
  4.1.1 曲线功能概述 …… 79
  4.1.2 基本曲线 …… 80
  4.1.3 直线 …… 84
  4.1.4 圆弧/圆 …… 84
  4.1.5 直线和圆弧工具 …… 85
  4.1.6 矩形 …… 87
  4.1.7 多边形 …… 87
  4.1.8 样条 …… 87
  4.1.9 螺旋线 …… 88
  4.1.10 规律曲线 …… 90
  4.1.11 文本 …… 90
  4.1.12 艺术样条 …… 92
 4.2 编辑曲线 …… 93
  4.2.1 编辑曲线参数 …… 94
  4.2.2 修剪曲线和拐角 …… 95
  4.2.3 分割曲线 …… 96
  4.2.4 编辑曲线长度 …… 96
 4.3 派生曲线 …… 97
  4.3.1 偏置曲线 …… 97
  4.3.2 在面上偏置曲线 …… 99
  4.3.3 桥接曲线 …… 99
  4.3.4 连结曲线 …… 101
  4.3.5 投影曲线 …… 101
  4.3.6 组合投影曲线 …… 103
  4.3.7 镜像曲线 …… 103
  4.3.8 缠绕/展开曲线 …… 103
  4.3.9 相交曲线 …… 104
  4.3.10 截面曲线 …… 104
  4.3.11 抽取曲线 …… 105
 4.4 曲线应用实例 …… 106

 4.5 思考与练习题 …… 109
第 5 章 零件设计 …… 111
 5.1 建模的方法与步骤 …… 111
  5.1.1 三维建模基础 …… 111
  5.1.2 参数化建模 …… 111
  5.1.3 特征建模 …… 112
  5.1.4 用 NX 12.0 建模的过程 …… 112
 5.2 体素特征及多实体合成 …… 113
  5.2.1 长方体 …… 113
  5.2.2 圆柱体 …… 114
  5.2.3 圆锥体 …… 114
  5.2.4 球 …… 116
  5.2.5 多实体合成-布尔运算 …… 117
  5.2.6 应用实例 …… 118
 5.3 实体扫掠特征 …… 120
  5.3.1 拉伸特征 …… 120
  5.3.2 旋转特征 …… 123
  5.3.3 沿引导线扫掠特征 …… 123
  5.3.4 管体特征 …… 123
  5.3.5 应用实例 …… 124
 5.4 成形特征 …… 129
  5.4.1 成形特征的定位 …… 129
  5.4.2 孔特征 …… 132
  5.4.3 凸台 …… 136
  5.4.4 腔体 …… 136
  5.4.5 垫块 …… 137
  5.4.6 键槽 …… 138
  5.4.7 环形槽 …… 139
  5.4.8 三角形加强筋 …… 140
  5.4.9 凸起 …… 140
  5.4.10 偏置凸起 …… 141
  5.4.11 综合应用实例 …… 142
 5.5 特征操作 …… 145
  5.5.1 拔模 …… 145
  5.5.2 拔模体 …… 146
  5.5.3 倒圆角 …… 146
  5.5.4 倒斜角 …… 148
  5.5.5 抽壳 …… 149
  5.5.6 螺纹 …… 150
  5.5.7 偏置面 …… 150

5.5.8	比例缩放	151
5.5.9	应用实例	152
5.6	特征修剪	153
5.6.1	分割面	153
5.6.2	连接面	154
5.6.3	修剪体	155
5.6.4	拆分体	155
5.7	特征的关联复制	155
5.7.1	抽取几何特征	155
5.7.2	阵列特征	157
5.7.3	阵列面	159
5.7.4	镜像特征	159
5.7.5	镜像几何体	160
5.8	特征编辑	160
5.8.1	编辑特征参数	161
5.8.2	可回滚编辑	162
5.8.3	编辑位置	162
5.8.4	移动特征	163
5.8.5	特征重排序	164
5.8.6	抑制和取消抑制特征	164
5.8.7	移除参数	164
5.9	综合应用实例	165
5.9.1	综合实例 1	165
5.9.2	综合实例 2	171
5.10	思考与练习题	174
第 6 章	**曲面设计**	**176**
6.1	曲面基础知识	176
6.1.1	曲面的基本概念及分类	176
6.1.2	NX 的曲面常见的术语	176
6.1.3	曲面造型方法	177
6.1.4	自由曲面建模的基本原则	178
6.1.5	曲面造型设计的基本技巧	178
6.1.6	曲面工具	179
6.2	由曲线构造曲面	179
6.2.1	有界平面	180
6.2.2	曲线成片体	180
6.2.3	直纹面	180
6.2.4	通过曲线组	182
6.2.5	通过曲线网格	183
6.2.6	扫掠	184

6.2.7	N 边曲面	186
6.2.8	应用实例	186
6.3	由曲面构造曲面	188
6.3.1	桥接	188
6.3.2	延伸曲面	189
6.3.3	偏置曲面	190
6.3.4	规律延伸	190
6.3.5	面倒圆	191
6.4	曲面的修剪和编辑	191
6.4.1	修剪片体	191
6.4.2	缝合	192
6.4.3	编辑曲面	193
6.5	综合应用实例	196
6.5.1	综合实例 1	196
6.5.2	综合实例 2	199
6.6	思考与练习题	203
第 7 章	**装配设计**	**205**
7.1	装配建模基础	205
7.1.1	装配的概述	205
7.1.2	装配术语	205
7.1.3	引用集	207
7.1.4	装配方式方法	208
7.1.5	部件属性	209
7.2	装配建模	210
7.2.1	自底向上装配	211
7.2.2	自顶向下装配	212
7.2.3	编辑组件	214
7.3	装配约束	216
7.3.1	约束类型	216
7.3.2	约束导航器	219
7.4	阵列组件和镜像装配	219
7.4.1	创建阵列组件	220
7.4.2	镜像装配	220
7.5	装配爆炸及装配图	222
7.5.1	爆炸图概述	222
7.5.2	创建爆炸图	222
7.5.3	编辑爆炸图	223
7.5.4	隐藏视图中的组件	223
7.5.5	显示视图中的组件	224
7.5.6	取消爆炸组件	224

7.5.7 删除爆炸图 …………………… 224
7.5.8 切换爆炸图 …………………… 224
7.6 综合应用实例 …………………………… 225
7.6.1 综合实例1 …………………… 225
7.6.2 综合实例2 …………………… 228
7.7 思考与练习题 …………………………… 233

第8章 工程图设计 …………………… 235
8.1 工程图基础知识 ………………………… 235
8.1.1 工程图概述 …………………… 235
8.1.2 进入制图功能模块 …………… 235
8.1.3 工程图工作界面 ……………… 236
8.1.4 工程图参数 …………………… 237
8.2 图样操作 ………………………………… 238
8.2.1 新建图纸页 …………………… 239
8.2.2 编辑图纸页 …………………… 240
8.2.3 基本视图 ……………………… 240
8.2.4 添加投影视图 ………………… 242
8.2.5 添加局部放大图 ……………… 242
8.2.6 添加剖视图 …………………… 244
8.2.7 局部剖视图 …………………… 248
8.2.8 断开视图 ……………………… 251
8.2.9 定向剖视图 …………………… 252
8.2.10 轴测剖视图与轴测半剖视图 … 253
8.2.11 对齐视图 …………………… 253
8.2.12 定义剖面线 ………………… 254
8.2.13 移动/复制视图 …………… 255
8.2.14 更新视图 …………………… 255
8.2.15 视图边界 …………………… 256
8.3 尺寸标注和注释 ………………………… 257
8.3.1 尺寸标注 ……………………… 257
8.3.2 文本编辑器 …………………… 262
8.3.3 插入中心线 …………………… 262
8.3.4 文本注释 ……………………… 264
8.3.5 几何公差标注 ………………… 265
8.3.6 基准特征 ……………………… 266
8.3.7 粗糙度符号标注 ……………… 266
8.4 综合应用实例 …………………………… 267
8.5 思考与练习题 …………………………… 274

第1章 NX 12.0 基本应用概述

本章主要介绍 UG NX 12.0（以下简称 NX 12.0）软件的主要应用模块、操作环境等基础方面的知识和工具条的定制等常用的命令。通过对本章的学习，读者可了解 NX 12.0 的基本功能，掌握 NX 12.0 的界面和使用环境的定制，掌握 NX 12.0 的一些基本操作。

1.1 NX 12.0 工作界面和基本操作

1.1.1 NX 12.0 的启动和退出

NX 12.0 中文版的界面风格完全是视窗式的，用户可以使用熟悉的 Windows 操作技巧来操作 NX 12.0，例如，用户可以利用窗口标题栏上的 —、口、× 按钮来最小化窗口、恢复窗口、关闭窗口。NX 12.0 中文版的界面设置使用视窗风格，简单明快，用户可以方便快捷地找到所需要的工具按钮。NX 12.0 中文版的界面中主要包括以下几部分：绘图区、窗口标题栏、菜单栏、提示行、状态栏、工具条、快捷菜单、功能区、操作导航器、导航按钮、选择过滤器、资源工具条和工作坐标系等。

1. 启动 NX 12.0

（1）方法一　用鼠标依次选择【开始】|【所有程序】|【Siemens NX 12.0】|【NX 12.0】命令。启动 NX 12.0 软件后，在主界面上将显示一些对基本概念的提示，如图 1-1 所示。当鼠标放在左边的某个条目上时，右边就会出现该条目的文字概念和相关提示，图 1-1 所示为【应用模块】的概念和提示。通过该方法可以新建或打开一个已存在的文件。

1-1　启动 NX 12.0

图 1-1　NX 12.0 主界面

（2）方法二　直接双击计算机桌面上的 NX 12.0 快捷方式图标或直接双击 NX 12.0 创建的 PRT 文件。

NX 不能打开与 NX 文件后缀名一样为 PRT 的 Pro/E 或 Creo 文件；NX 可以直接打开 IGES、.stp、.dxf 等格式的文件。在打开后缀名不是 PRT 的文件或者打开与本机安装的版本不同的 NX 文件时，预览将不起作用。

（3）方法三　将 NX 12.0 的快捷方式图标拖到计算机桌面下方的快捷启动栏中，只需单击快捷启动栏中 NX 12.0 的快捷方式图标，即可启动 NX 12.0 中文版。

2. 退出 NX 12.0

退出 NX 12.0 有以下几种方法：

1）单击标题栏上的【关闭】按钮✕。

2）选择菜单【文件】|【退出】命令。

3）按〈Alt+F4〉键。

1-2　退出 NX 12.0

在采用任何一种方法退出 NX 时，都会弹出如图 1-2 所示的【退出】对话框，单击【是-保存并退出（Y）】按钮即可退出 NX，并关闭窗口。

图 1-2　【退出】对话框

1.1.2　NX 12.0 工作界面

NX 12.0 可以创建模型、图纸、加工生产线规划器等多种样式，在新建文件的时候可以进行选择，图 1-3 所示是【新建】对话框中的文件类型选项卡。

Multi Axis Deposition	检测	机电概念设计	船舶整体布置	冲压生产线	生产线设计	船舶结构
模型	DMU	图纸	布局	仿真	增材制造	加工生产线规划器	加工

图 1-3　文件类型

1. 全新 Ribbon 界面

2013 年 10 月份，西门子公司发布了 NX 12 正式版软件，此版软件除了支持 64 位操作系统以外，还更新了许多功能，最主要的是采用了同微软 Office 2007 和 Office 2010 的用户界面一样的 Ribbon（带状工具条）功能区型界面，如图 1-4 所示。

Ribbon（带状工具条）功能区是用户界面的一部分。在仪表板设计器中，功能区包含一些用于创建、编辑和导出仪表板及其元素的上下文工具。它是一个收藏了命令按钮和图标的面板，把命令组织成一组"标签"，每一组包含了相关的命令。每一个应用程序都有一个不同的标签组，展示了程序所提供的功能。在每个标签里，各种相关选项被组织在了一起。

第1章 NX 12.0基本应用概述

图 1-4 NX 12 的用户界面

跟传统的菜单式用户界面相比较，Ribbon 界面的优势主要体现在如下几个方面。
1）所有功能有组织地集中存放，不再需要查找级联菜单、工具条等。
2）更好地在每个应用程序中组织命令。
3）提供足够显示更多命令的空间。
4）丰富的命令布局可以帮助用户更容易地找到重要的、常用的功能。
5）可以显示图标，对命令的效果进行预览，如改变文本的格式等。
6）更加适合触摸屏操作。
7）减少鼠标单击次数。

虽然从菜单式界面到 Ribbon 界面要有一个漫长的熟悉过程，但是一个不争的事实是，Ribbon 界面正在被越来越多的人接受，相应地，越来越多的软件开发商开始抛弃传统的菜单式界面，转而采用 Ribbon 界面。

在如图 1-4 所示的带状工具条界面中，只要单击鼠标，就可以访问常用命令，同时保持最大的图形窗口区域不变。它将高级角色的功能与基本角色的可发现性相结合。带状工具条上的选项卡和面组按逻辑方式组织命令，并将图标大小与信息文本相结合。用户可以根据工作流定制此界面，例如，解除选项卡停靠或将常用命令添加到边框条中。命令查找器嵌入到带状工具条上，可提供以下附加功能：显示隐藏的命令，启动其他应用模块；让用户轻松将命令添加到选项卡、边框条或快速访问工具条中。

2. NX 12.0 界面

NX 12.0 中文版常见的经典工作界面如图 1-4 所示。NX 12.0 中文版的工作界面会因为使用环境的不同而有所不同，用户可以根据自己的需要进行定制。

（1）标题栏　用于显示 NX 12.0 版本、当前模块、当前工作部件文件名、当前工作部件文件的修改状态等信息。

（2）菜单栏　用于显示 NX 12.0 中各功能菜单，主菜单是经过分类并固定显示的。通过主菜单可激发各层级联菜单，NX 12.0 的所有功能几乎都能在菜单上找到。

（3）功能区　用于显示 NX 12.0 的常用功能。

（4）绘图区　用于显示模型及相关对象。

（5）提示行　用于显示下一操作步骤。

（6）资源工具条　包括装配导航器、部件导航器、主页浏览器、历史记录、系统材料等。

3．主菜单

NX 12.0 的主菜单如图 1-5 所示。

（1）文件　模型文件的管理。

（2）编辑　模型文件的设计更改。

（3）视图　模型的显示控制。

（4）插入　建模模块环境下的常用命令。

（5）格式　模型格式组织与管理。

（6）工具　复杂建模工具。

（7）装配　虚拟装配建模功能，是装配模块的功能。

（8）信息　信息查询。

（9）分析　模型对象分析。

（10）首选项　参数预设置。

图 1-5　NX 12 的主菜单

（11）窗口　窗口切换，用于切换到已经能够打开的其他部件文件的图形显示窗口。

（12）GC 工具箱　用于弹簧、齿轮等标准零件的创建以及加工准备。

（13）帮助　使用求助。

每个主菜单选项都有下拉菜单，而下拉菜单中的命令选项有可能还包含更深层级的子菜单。通过选择这些菜单命令，用户可以实现 NX 的一些基本操作，如选择【文件】菜单命令，可以在打开的下拉菜单中实现文件管理操作。

主菜单是下拉式菜单，系统将所有的指令和设置选项予以分类，分别放置在不同的下拉式菜单中。单击主菜单栏中任何一个功能时，系统将会弹出下拉菜单，同时显示出该功能菜单包含的有关指令，每一个指令的前后可能有一些特殊标记。其中包括：

（1）三角形符号（▶）　当菜单中某个命令不只含有单一功能时，系统会在命令字段右上方显示三角形符号，选择此命令后，系统会自动出现子菜单。

（2）右方的文字　菜单中命令段右方的文字，如 "Ctrl+D"，表示该命令的快捷键。

（3）点号（…）　菜单中某个命令将以对话框的方式进行设置时，系统会在命令段后面加上点号（…），选择此命令后，系统会自动弹出对话框。

（4）括号加注文字　当命令后面的括号中标有某个字符时，则该字符为系统记忆的字符。在进入菜单后，按下此字符系统会自动选择该命令。

1.1.3　文件操作

文件操作包括新建文件、打开文件、保存文件、关闭文件、查看文件属性、打印文件、导入文件、导出文件和退出系统等操作。

选择【菜单】|【文件】菜单命令，打开如图 1-6 所示的【文件】菜单。【文件】菜单中包括【新建】、【打开】、【关闭】、【保存】、【打印】、【导入】和【导出】等命令。本节将介绍一些常用的文件操作命令。

1．新建文件

选择【菜单】|【文件】|【新建】命令，或者单击【快速访问】工具条中的【新建】按钮，系统弹出如图 1-7 所示的【新建】对话框。

图 1-6 【文件】菜单　　　　　　　　图 1-7 【新建】对话框

在【名称】文本框中输入文件名称，在【文件夹】文本框中输入新建文件所在的目录，也可以通过【打开】按钮设置新建文件所在的目录，在【单位】下拉列表中选择文件的单位，通常情况下选择【毫米】。NX 12.0 提供了两种度量单位，即英寸和毫米。如果软件安装的是简体中文版，则默认单位为毫米，单击【确定】按钮即可创建部件文件。

2．打开文件

选择【菜单】|【文件】|【打开】命令或者单击【快速访问】工具条中的【打开】按钮，系统弹出如图 1-8 所示的【打开】对话框。

对话框中的文件列表框中列出了当前工作目录下的所有文件。可以直接选择要打开的文件。或者在【查找范围】下拉列表中指定文件所在的路径，然后单击【OK】按钮。

可以选择【菜单】|【文件】|【最近打开的部件】命令打开最近打开过的文件。当把鼠标指针指向【最近打开的部件】命令后，系统会展开子菜单，其中列出了最近打开过的文件，选择一个即可。

3．关闭文件

可以通过选择【菜单】|【文件】|【关闭】命令来关闭文件，如图 1-9 所示。

（1）【选定的部件】命令　选择该命令，系统弹出如图 1-10 所示的【关闭部件】对话框。选定要关闭的文件，单击【确定】按钮。

图 1-8 【打开】对话框

图 1-9 【关闭】下拉菜单

图 1-10 【关闭部件】对话框

【关闭部件】对话框中的选项介绍如下。

1)【顶层装配部件】单选项：选择后，文件列表中只列出顶层装配文件，而不列出装配中包含的组件。

2)【会话中的所有部件】单选项：选择后，文件列表中列出当前进程中的所有部件。

3)【仅部件】单选项：单击此单选按钮，仅关闭所选择的文件。

4)【部件和组件】单选项：选择后，如果所选择的文件为装配文件，则关闭属于该装配文件的所有文件。

5)【关闭所有打开的部件】按钮：选择后，如果文件在关闭之前没有保存，则强行关闭。

(2)【所有部件】命令　选择该命令，关闭所有文件。其他命令通过名称即可知道其意义，在此不详细解释。

4．导入导出文件

当前常用的 CAD/CAE/CAM 软件都具有与其他软件交换数据的功能。NX 12.0 既可以把建立的模型数据输出，供 SolidWorks、Creo 和 CAD 等软件使用，又可以输入这些软件制作的模型数据供自己使用，所有这些操作都是通过选择【菜单】|【文件】|【导入】或【导出】命令来实现的。

（1）导入文件　选择【菜单】|【文件】|【导入】命令，弹出子菜单。其中列出了可以输入的各种文件格式，常用的有部件（NX 文件）、Parasolid（SolidWorks 文件）、VRML（网络虚拟现实格式文件）、IGES（Pro/E 文件）和 DXF/DWG（AutoCAD 文件）。

（2）导出文件　选择【菜单】|【文件】|【导出】命令，弹出子菜单。其中列出了可以输出的各种文件格式。选择命令后，显示相应的对话框供用户操作。

NX 12.0 可以通过【打开】命令打开其他格式的文件；通过【另存为】命令可以保存为其他格式的文件。

5．保存文件

保存文件的方式有两种：一种是直接保存，另一种是另存为其他类型。

要直接保存文件时，可以选择【菜单】|【文件】|【保存】命令，或者在【快速访问】工具条中直接单击【保存】按钮。执行该操作后，文件将自动保存在创建该文件的目录下，文件名称和创建时的名称相同。

要将文件另存为其他类型时，可以选择【菜单】|【文件】|【另存为】命令。执行该命令后，系统弹出如图 1-11 所示的【另存为】对话框，用户指定存放文件的目录和保存类型后，再输入文件名称即可。此时的存放目录可以和创建文件时的目录相同，但是如果存放目录和创建文件时的目录相同，则文件名不能相同，否则不能保存文件。

6．部件属性

【属性】命令用来查看当前文件的属性。选择【菜单】|【文件】|【属性】命令，系统弹出如图 1-12 所示的【显示部件属性】对话框。

图 1-11　【另存为】对话框　　　　图 1-12　【显示部件属性】对话框

在【显示部件属性】对话框中，用户通过单击不同的标签，可以切换到不同的选项卡。【显示部件】选项卡中显示了文件的一些属性信息，如文件名、文件存放路径、视图布局、工作视图和图层等。

1.1.4 编辑对象操作

编辑对象操作包括撤销、修剪对象、复制对象、粘贴对象、删除对象、选择对象、隐藏对象、变换对象和对象显示等。

在菜单中选择【编辑】菜单命令，打开【编辑】菜单。【编辑】菜单中包括【撤销】、【复制】、【删除】、【选择】、【对象显示】、【显示和隐藏】、【表】和【特征】等命令。如果某个命令后带有小三角形，表明该命令还有子命令。如在【编辑】菜单中选择【显示和隐藏】命令后，会显示包含子命令的子菜单，如图 1-13 所示。

(1)【撤销】命令　【撤销】命令用来撤销用户上一步或者上几步的操作，该命令在修改文件时特别有用。当用户对修改的效果不满意时，可以通过【撤销】命令来撤销对文件的一些修改，使文件恢复到最初的状态。

选择【菜单】|【编辑】|【撤销】命令，或者在【快速访问】工具条中直接单击【撤销】按钮，都可以执行该命令。

撤销列表中会显示用户最近的操作，供用户选择撤销哪些操作。用户只要在相应的选项前选择即可撤销相应的操作。

(2)【删除】命令　【删除】命令用来删除一些对象。这些对象既可以是某一类对象，也可以是不同类型的对象。用户可以手动选择一些对象然后删除它们，也可以利用类选择器来指定某一类或者某几类对象，然后删除它们。

选择【菜单】|【编辑】|【删除】命令，系统弹出如图 1-14 所示的【类选择】对话框。选取删除的要素，单击【确定】按钮即可删除。

图 1-13 【编辑】菜单

图 1-14 【类选择】对话框

1.1.5 鼠标和键盘操作

NX 12.0 作为一个交互式软件，鼠标和键盘是输入指令、调整视图、选择对象的重要工具。

1. 鼠标右键菜单

在 NX 12.0 中，单击鼠标右键即可展开相关快捷菜单。至于展开的菜单类型，与单击的位置、是否在执行命令有关。

1）在 Ribbon 界面环境，功能区选项卡标题位置，或在选项卡中的空白位置单击右键，弹出的快捷菜单如图 1-15 所示。该菜单列出了 NX 12.0 的部分功能选项卡和边框条。被选中的项目将在工作界面中显示，取消选中的项目将在工作界面中消失。

2）在绘图区没有任何对象的位置单击右键，系统弹出如图 1-16 所示的快捷菜单。菜单的上部是选择过滤器，可以选择要过滤的对象。菜单中包含缩放、平移、旋转、着色和视图定向等大部分视图操作的命令。

3）在没有使用选择过滤器的情况下，在实体特征上单击右键，系统弹出如图 1-17 所示的快捷菜单。该快捷菜单提供了特征编辑的多种命令，例如，显示和隐藏、参数的编辑、复制和删除等。如果使用选择过滤器过滤某一种对象，根据选择对象的不同，右键快捷菜单也就不同。

图 1-15 【功能区】右击快捷菜单　　图 1-16 快捷菜单　　图 1-17 实体特征上的右击快捷菜单

2. 鼠标动作

鼠标动作是指鼠标的按键结合移动操作，在 NX 12.0 中鼠标动作主要用来调整视图。通过不同的按键和移动组合,可以实现不同的视图变换效果。

(1) 缩放视图　通过滚动鼠标的中键(滚轮)可以实现视图的缩放。另外还可以同时按住鼠标左键和中键,然后拖动鼠标来缩放视图,但这种操作方法不易操控,一般不采用。

(2) 平移视图　按住〈Shift〉键和鼠标中键,然后拖动指针即可平移视图。或者在绘图区同时按住鼠标左键和中键,然后拖动鼠标即可平移视图。

(3) 旋转视图　按住鼠标中键然后拖动鼠标,即可在空间内旋转视图方向。

3. 键盘快捷键

键盘的功能除了输入文本外,还可以作为命令的快捷执行方式,即快捷键功能。在 NX 12.0 中几乎所有的命令都可以为其指定一个快捷键或多个按键组合。为了减轻记忆负担以及减少对快捷键的过度依赖,一般只为常用的命令设置快捷键。

选择【菜单】|【工具】|【定制】命令,系统弹出如图 1-18 所示的【定制】对话框。单击该对话框上的【键盘】按钮,系统弹出如图 1-19 所示的【定制键盘】对话框。在【类别】列表框中选择一个菜单目录,然后在【命令】列表框中选择要定义的命令,单击【按新的快捷键】文本框,然后按键盘上的键,单击【指派】按钮,即为该命令指派了快捷键。注意指派的快捷键不要与其他命令的快捷键重复,如果其他命令已经使用了该快捷键,对话框底部会有提示信息。

图 1-18　【定制】对话框

图 1-19　【定制键盘】对话框

1.1.6　参数设置

参数设置主要用于设置系统的一些控制参数,通过【首选项】下拉菜单可以进行参数设置,本节将介绍一些常用的设置,包括对象参数设置、选择参数设置和可视化参数设置。

1. 对象参数设置

对象参数设置用于设置曲线或者曲面的类型、颜色、线型、透明度及偏差矢量等默认值。

选择【菜单】|【首选项】|【对象】命令，系统弹出如图 1-20 所示的【对象首选项】对话框，在该对话框中可以进行相关设置。新的设置只对之后创建的对象有效，对之前创建的对象无效。单击【分析】标签可切换到【分析】选项卡。

图 1-20 【对象首选项】对话框

在如图 1-20a 图所示的【常规】选项卡中，可以设置工作图层、线的类型、线在绘图区的显示颜色、线型和宽度，还可以设置实体或者片体的局部着色、面分析和透明度等参数，只要在相应的选项中选择参数即可。

在如图 1-20b 图所示的【分析】选项卡中，可以设置曲面连续性显示的颜色。单击相应复选框后面的颜色小块，系统将弹出【颜色】对话框，可以在【颜色】对话框中选择一种颜色作为曲面连续性的显示颜色。此外，还可以在【分析】选项卡中设置截面分析显示、偏差度显示和高亮线显示的颜色。

2. 选择参数设置

选择参数设置是指设置用户选择对象时的一些相关参数，如光标半径、选取方法和矩形方式的选取范围等。

选择【菜单】|【首选项】|【选择】命令，系统弹出如图 1-21 所示的【选择首选项】对话框。在该对话框中可以设置多选的参数、高亮显示的参数、延迟和延迟时快速拾取的参数、光标半径（大、中、小）等的光标参数、成链的公差和成链的方法参数等。

3. 可视化参数设置

可视化参数设置是指设置渲染样式、光亮度百分比、直线线型及对象名称显示等参数。

选择【菜单】|【首选项】|【可视化】命令，系统弹出如图 1-22 所示的【可视化首选项】对话框。该对话框包括【可视】、【小平面化】、【颜色/线型】、【名称/边界】、【直线】、【特殊效果】、【视图/屏幕】、【手柄/点】、【着重】和【高端渲染】10 个选项卡。用户单击不同的标签即可切换到相应的选项卡并进行相关参数的设置。

图 1-21　【选择首选项】对话框　　　　图 1-22　【可视化首选项】对话框

1.2　功能区

1.2.1　功能区选项卡的设置

　　用户可根据实际使用的需要将常用工具组合为不同的功能区，进入不同的模块就会显示相关的功能区。同时用户也可以自定义功能区的显示/隐藏状态。

　　在功能区域的任何位置单击鼠标右键，弹出如图 1-15 所示【功能区】设置快捷菜单。用户可以根据自己工作的需要，设置界面中显示的工具栏，以方便操作。设置时，只需在相应功能的选项上单击，使其前面出现一个对钩即可。要取消设置，不想让某个功能区出现在界面上时，只要再次单击该选项，去掉前面的对钩即可。每个功能区上的按钮和菜单上相同命令前的按钮一致。用户可以通过菜单执行操作，也可以通过功能区上的按钮执行操作。但有些特殊命令只能在菜单中找到。

　　用户可以通过功能区面组上右下方的按钮来激活添加或删除按钮，如图 1-23 所示。

　　在 NX 12.0 中可以根据自己的需要来定制用户

图 1-23　添加或删除功能区按钮

界面的布局和自定义自己的功能区选项卡。例如，设置图标的大小、是否在图标下面显示图标的名称、哪些显示图标、设置和改变菜单功能区选项卡各项命令的快捷键、控制图标在功能区选项卡中的放置位置以及加载自己开发的功能区选项卡等，这可使用户节省更多的时间，不用在各个功能区选项卡中选择所需图标，只要在自定义功能区选项卡中单击所需图标即可，从而大大提高设计率。

选择【菜单】|【工具】|【定制】命令或者单击某个快捷菜单中的【定制】命令，系统弹出如图 1-18 所示的【定制】对话框。选择相应的选项卡后，就可以进行相关功能区的设置。

1.2.2 常用功能区选项卡

1.【快速访问】工具条
包含文件系统的基本操作命令，如图 1-24 所示。

图 1-24 【快速访问】工具条

2.【视图】选项卡
用来对图形窗口的物体进行显示操作，如图 1-25 所示。

图 1-25 【视图】选项卡

3.【应用模块】选项卡
用于各个模块的相互切换，如图 1-26 所示。

图 1-26 【应用模块】选项卡

4.【曲线】选项卡
提供建立各种形状曲线的工具和修改曲线形状与参数的各种工具，如图 1-27 所示。

图 1-27 【曲线】选项卡

5.【主页】选项卡
提供建立参数化特征实体模型的大部分工具，主要用于建立规则和不太复杂的模型，提供对模型进行进一步细化和局部修改实体形状特征的工具，用于建立一些形状规则但较复杂的实体特征，以及提供了用于修改特征形状、位置及其显示状态等的工具，如图 1-28 所示。

图 1-28 【主页】选项卡

6．【曲面】选项卡

提供了构建各种曲面的工具和用于修改曲面形状及参数的各种工具，如图 1-29 所示。

图 1-29 【曲面】选项卡

1.3 思考与练习题

1．NX 12.0 的应用模块有哪些？
2．启动并退出 NX 12.0。
3．打开本书配套资源中练习文件的 "X:/1/1-1.prt" 文件。
4．打开 1-1.prt 文件，输出 IGS 文件和 STP 文件。
5．使用鼠标如何快捷地进行视图平移、旋转、缩放操作?
6．在 UG NX 12.0 中，可以导入哪些类型的数据文件?

第 2 章 NX 12.0 建模通用知识

NX 12.0 中的常用工具和一些基本操作，如常用构造器、坐标系、模型显示、视图布局、类选择、对象操作、图层管理、参数预设置、表达式和几何计算与物理分析等，是 NX 12.0 建模技术的基础，在 CAM 环境里也经常用到，读者一定要熟练掌握，有些功能可能一时很难掌握，读者可以通过后面的实例慢慢学习，逐步掌握。

2.1 坐标系的设置

2-1 坐标系基本概念

2.1.1 坐标系基本概念

建模离不开坐标系，坐标系主要用来确定特征或对象的方位。NX 12.0 系统中用到的坐标系主要有两种形式，分别为 ACS（绝对坐标系）和 WCS（工作坐标系），它们都遵循右手螺旋法则。ACS 是模型空间坐标系，其原点和方位固定不变，而 WCS 是用户当前使用的坐标系，其原点和方位可以随时改变。在一个部件文件中，可以有多个坐标系，但只能有一个工作坐标系。可以将当前的工作坐标系保存，使其成为已存坐标系，一个部件中可以有多个已存坐标系。

选择【菜单】|【格式】|【WCS】子菜单中的命令，如图 2-1 所示；或单击【工具】选项卡中【实用工具】中的【更多】按钮，如图 2-2 所示。

图 2-1 【WCS】子菜单   图 2-2 【WCS】命令

2.1.2 工作坐标系的创建

选择【菜单】|【格式】|【WCS】|【定向】命令，或单击【工具】选项卡中【实用工具】中的【更多】下的【WCS 定向】按钮，系统弹出如图 2-3 所示的【坐标系】对话框，该对话框用于创建工作坐标系。在类型下拉列表中选择不同的选项，【坐标系】对话框也有所不同，具体说明如下。

2-2 工作坐标系的创建

图 2-3 【坐标系】对话框

(1) 动态 可以动态操作 WCS 的位置和方位。

(2) 自动判断 根据选择的几何对象不同，自动推测一种方法定义一个坐标系。

(3) 原点，X 点，Y 点 依次指定三个点。第一个点作为坐标系的原点，从第一点到第二点的矢量作为坐标系的 X 轴，第一点到第三点的矢量作为坐标系的 Y 轴。

(4) X 轴，Y 轴 依次指定两条相交的直线或实体边缘线。把两条线的交点作为坐标系的原点，第一条直线作为 X 轴，第二条直线作为 Y 轴。

(5) X 轴，Y 轴，原点 依次指定第一条直线和第二条直线。把构造的点作为坐标系的原点，通过原点与第一条直线平行的矢量作为坐标系的 X 轴，通过原点与 X 轴垂直并且与指定的两条直线确定的平面相平行的直线作为 Y 轴。

(6) Z 轴，X 轴，原点 依次指定一条直线和一点。把指定的直线作为 Z 轴，通过指定点与指定直线相垂直的直线作为坐标系的 X 轴，两轴交点作为坐标系的原点。

(7) Z 轴，Y 轴，原点 依次指定一条直线和一点。把指定的直线作为 Z 轴，通过指定点与指定直线相垂直的直线作为坐标系的 Y 轴，两轴交点作为坐标系的原点。

(8) Z 轴，X 点 利用矢量创建功能选择或定义一个矢量，再利用点创建功能指定一点来定义坐标系。坐标系 Z 轴正向为定义的矢量的方向，X 轴正向为沿点和定义矢量的垂线指向定义点的方向，坐标系的原点为各矢量的交点。

(9) 对象的坐标系 指定一个平面图形对象（如圆、圆弧、椭圆、椭圆弧、二次曲线、平面或平面工程图），把该对象所在的平面作为新坐标系的 XC-YC 平面，该对象的关键特征点（如圆、椭圆的中心，二次曲线的顶点或平面的起始点等）作为坐标系的原点。

(10) 点，垂直于曲线 首先指定一条曲线，然后指定一个点。过指定点与指定直线垂直的直线为新坐标系的 Y 轴，垂足为坐标系的原点。曲线在该垂足处的切线为新坐标系的 Z 轴，X 轴根据右手螺旋法则确定。

(11) 平面和矢量 首先指定一个平面，然后指定一个矢量。把指定矢量与指定平面的交点作为新坐标系的原点，指定平面的法向量作为新坐标系的 X 轴，指定矢量在指定平面上的投影作为新坐标系的 Y 轴。

(12) 平面，X 轴，点 首先指定一个平面，坐标原点和 X 轴都在该平面内；然后指定一个矢量，为 X 轴的方向；最后指定一个点，如果点在指定的平面内，该点即为坐标系的原点，如果在指定的平面外，则该点垂直投影在指定平面上的位置为坐标系的原点位置。"平面，Y轴，点"选项与此类似。

（13）三平面　依次选择三个平面，把三个平面的交点作为新坐标系的原点。第一个平面的法向量作为新坐标系的X轴，第一个平面与第二个平面的交线作为新坐标系的Z轴。

（14）绝对坐标系　构造一个与绝对坐标系重合的新坐标系。

（15）当前视图的坐标系　以当前视图中心为新坐标系的原点。图形窗口水平向右方向为新坐标系的X轴，图形窗口竖直向上方向为新坐标系的Y轴。

（16）偏置坐标系　首先指定一个已经存在的坐标系。然后在文本框中输入三坐标方向偏置（X-增量、Y-增量和Z-增量），以此确定新坐标系的原点。

2.1.3　坐标系的变换

涉及变换的命令如下。

1. 改变工作坐标系原点

选择【菜单】|【格式】|【WCS】|【原点】命令后，或单击【工具】选项卡中【实用工具】中的【更多】下的【WCS 原点】按钮，系统弹出【点】对话框，提示用户构造一个点。指定一点后，当前工作坐标系的原点就移到指定点的位置。

2. 旋转工作坐标系

选择【菜单】|【格式】|【WCS】|【旋转】命令后，或单击【工具】选项卡中【实用工具】中的【更多】下的【旋转 WCS】按钮，系统弹出如图 2-4 所示的【旋转 WCS 绕...】对话框。在其中任意选择一个轴，在【角度】文本框中输入旋转角度值，单击【确定】按钮，即可实现工作坐标系旋转。旋转轴是三个坐标轴旋转的正、负方向，旋转方向的正向由右手法则确定。

3. 动态改变坐标系

选择【菜单】|【格式】|【WCS】|【动态】命令，或单击【工具】选项卡中【实用工具】中的【更多】下的【WCS 动态】按钮，当前工作坐标系变为临时状态，如图 2-5 所示。从图中可以看出，共有三种动态改变坐标系的标志，即原点、移动柄和旋转柄。对应如下三种动态改变坐标系的方式。

图 2-4　【旋转 WCS 绕】对话框　　　图 2-5　工作坐标系变为临时状态

1）用鼠标选择原点。即单击坐标系原点处的正方体，其操作方法同改变坐标系原点的方法。

2）用鼠标选择移动柄。即单击坐标轴上面的箭头，如单击 ZC 轴上面的箭头，则显示如图 2-6 所示的移动【非模态】和【WCS 动态】对话框。这时既可以在【距离】文本框中通过直接输入数值来改变坐标系，也可以沿坐标轴拖动坐标系。在拖动过程中，为便于精确定位，可以设置捕捉单位，如 10.00。这样每隔 10.00 个单位距离，系统会自动捕捉一次。

3）用鼠标选择旋转手柄。即单击坐标系中的小圆球，如单击 XC-YC 平面内的小圆球，则显示如图 2-7 所示的旋转【非模态】对话框。这时既可以在【角度】文本框中通过直接输入数值来改变坐标系，也可以通过在屏幕上单击旋转坐标系。在旋转过程中，为便于精确定位，可以设置捕捉单位，如 45.00。这样每隔 45.00 个单位角度，系统自动捕捉一次。

4. 更改 XC 方向

选择【菜单】|【格式】|【WCS】|【更改 XC 方向】命令，或单击【工具】选项卡中【实用工具】中的【更多】下的【更改 WCS XC 方向】按钮，系统弹出如图 2-8 所示的【点】对话框。指定一点（不得为 ZC 轴上的点），则原点与指定点在 XC-YC 平面上的投影点的连线为新的 XC 轴。

图 2-6 移动【非模态】和【WCS 动态】对话框　　图 2-7 旋转【非模态】对话框　　图 2-8 【点】对话框

5. 更改 YC 方向

选择【菜单】|【格式】|【WCS】|【更改 YC 方向】命令，或单击【工具】选项卡中【实用工具】中的【更多】下的【更改 WCS YC 方向】按钮，系统弹出【点】对话框。指定一点（不得为 ZC 轴上的点），则原点与指定点在 XC-YC 平面上的投影点的连线为新的 YC 轴。

2.1.4 坐标系的显示与保存

1. 显示

选择【菜单】|【格式】|【WCS】|【显示】命令，或单击【工具】选项卡中【实用工具】中的【更多】下的【显示 WCS】按钮，可以控制图形窗口中工作坐标系的显示与隐藏属性。这是一个切换开关，默认情况下为显示，左边图标凹陷。

2. 保存

选择【菜单】|【格式】|【WCS】|【保存】命令，或单击【工具】选项卡中【实用工具】中的【更多】下的【保存 WCS】按钮，保存当前坐标系，以后可以引用。

2.2 常用操作工具

2.2.1 点构造器

在三维建模过程中，一项必不可少的任务是确定模型的尺寸与位置，而点构造器就是用来确定三维空间位置的一个基础的和通用的工具。

点构造器实际上是一个对话框，常常是根据建模的需要自动出现的。点构造器也可以独立使用，直接创建一些独立的点对象。

这部分内容以直接创建独立的点对象为例进行介绍，需要说明的是，无论以哪种方式使用点构造器，其对话框及其功能都是一样的。【点】对话框如图2-8所示。

分别在【XC】、【YC】、【ZC】文本框中输入坐标值，单击【确定】按钮，系统接收指定的点。

系统提供了多种点捕捉方式，下面介绍部分捕捉方式。

(1) 自动判断的点 根据光标点所处位置自动推测出所要选择的点。所采用的点捕捉方式有光标位置、现有点、端点、控制点、交点、中心点、角度和象限点。该方法在单选对象时特别方便，但在同一位置存在多个点的情况下很难控制点，此时建议选择其他方式。

(2) 光标位置 在光标位置指定一个点。用光标位置定点时，所确定的点位于坐标系的工作平面（XC-YC）内，即z的坐标值为0。

(3) 现有点 在某个存在点上构造点，或通过选择某个存在点规定一个新点的位置。

(4) 端点 在已存在直线、圆弧、二次曲线或其他曲线的端点位置指定一个点的位置。使用该方法指定点时，根据选择对象的位置不同，所取得的端点位置也不一样，取最靠近选择位置端的端点。

(5) 控制点 在曲线的控制点上构造一个点或规定新点的位置。控制点与曲线的类型有关，可以是直线的中点或端点，开口圆弧的端点、中点或中心点，二次曲线的端点和样条曲线的定义点或控制点等。

(6) 交点 在两段曲线的交点上、一条曲线和一个曲面或一个平面的交点上创建一个点或规定新点的位置。若两者的交点多于一个，则系统在最靠近第二个对象处创建一个点或规定新点的位置；若两段平面曲线并未实际相交，则系统会选择两者延长线上的相交点；若选择的两段空间曲线并未实际相交，则系统在最靠近第一个对象处创建一个点或规定新点的位置。

(7) 圆弧中心/椭圆中心/球心 在所选择圆弧、椭圆或球的中心处创建一个点或规定新点的位置。

(8) 圆弧/椭圆上的角度 在与坐标轴 XC 正向成一角度（沿逆时针方向）的圆弧/椭圆弧上构造一个点或规定新点的位置。

(9) 象限点 在圆弧或椭圆弧的四分点处创建一个点或规定新点的位置，所选择的四分点是离光标选择球最近的四分点。

(10) 点在曲线/边上 在离光标最近的曲线/边缘上构造一个点或规定新点的位置。

(11) 面上的点 在离光标最近的曲面/表面上构造一个点或规定新点的位置。

(12) 两点之间 选择两个点，在两点中间构造一个点或规定一个新点位置。

单击按钮激活相应捕捉点方式,然后选择要捕捉点的对象,系统会自动按相应方式生成点。

2.2.2 类选择构造器

2-6 类选择构造器

在 NX 12.0 各模块的使用过程中,经常需要选择对象,如变换、删除和隐藏操作等。通常限制选择对象的类型、图层、颜色及重置等选项,类选择器可以快速地选择对象,方便用户操作。类选择构造器出现在表 2-1 所列功能应用中。

表 2-1 类选择构造器

功 能	实现方式
删除	选择【菜单】|【编辑】|【删除】
显示和隐藏	选择【菜单】|【编辑】|【显示和隐藏】
变换	选择【菜单】|【编辑】|【变换】
信息	选择【菜单】|【信息】
图层移动/复制	选择【菜单】|【格式】|【移动至图层】|【复制至图层】
对象显示	选择【菜单】|【编辑】|【对象显示】
对象颜色	选择【菜单】|【编辑】|【对象颜色】

当需要选择对象时,系统将弹出如图 2-9 所示的【类选择】对话框,其中【过滤器】选项组介绍如下。

该选项组中提供了五种直接过滤方式,即【类型过滤器】、【图层过滤器】、【颜色过滤器】、【属性过滤器】和【重置过滤器】。

1)【类型过滤器】:按对象类型过滤,即只能选择指定类型的对象。单击【类型过滤器】按钮,系统弹出如图 2-10 所示的【按类型选择】对话框。可以在列表框中选择所需要的类型,单击【确定】按钮。注意单击对话框下端的【细节过滤】按钮,可以进一步限制类型。

2)【图层过滤器】:按对象所在图层进行过滤,即只能选择指定图层的对象。单击【图层过滤器】按钮,系统弹出如图 2-11 所示的【按图层选择】对话框。选择需要的图层,单击【确定】按钮。

图 2-9 【类选择】对话框　　图 2-10 【按类型选择】对话框　　图 2-11 【按图层选择】对话框

3)【颜色过滤器】：单击 ▬▬▬ 按钮，系统弹出如图 2-12 所示的【颜色】对话框。按对象颜色过滤，即可以选择指定颜色的对象。

4)【属性过滤器】：单击【属性过滤器】按钮，系统弹出如图 2-13 所示的【按属性选择】对话框。其中显示了用于过滤对象的所有其他属性。还可以单击【用户定义属性】按钮，系统弹出如图 2-14 所示的【属性过滤器】对话框，可以在其中设置所需的过滤属性，单击【确定】或【应用】按钮。

5)【重置过滤器】：单击 按钮，恢复默认的过滤方式，即可以选择所有的对象。

图 2-12 【颜色】对话框　　　图 2-13 【按属性选择】对话框　　　图 2-14 【属性过滤器】对话框

设置过滤方式后，即可选择对象，经常使用的选择方法如下。

1) 直接在【按名称选择】文本框中输入对象名，由于对象名一般是系统自动定义的，所以基本不用该方法。

2) 在图形窗口内单击对象。

3) 在图形窗口内拖动鼠标成矩形区域选择对象。

4) 单击【全选】按钮 ，则选择所有满足过滤条件的对象。

5) 单击【反向选择】按钮 ，则选择所有满足过滤条件且暂时未被选中的对象。

取消已选择对象的方法：按住〈Shift〉键，移动鼠标选择已选的对象，再单击鼠标左键即可取消已选择对象；用鼠标左键拖出一个矩形，包围欲取消选择的对象，可取消一个或多个已选对象。

选择对象时，鼠标选取位置可能有多个可选择的对象，它们重叠在一起，单击鼠标右键，在弹出的快捷菜单中选择【从列表中选择】命令，系统弹出如图 2-15 所示的【快速拾取】

图 2-15 【快速拾取】对话框

对话框。其中对象前的数字表示重叠对象的顺序,有几个可选对象,就有几个数字框。在各数字框中移动鼠标时,图形窗口中与之相应的对象高亮显示。当欲选择的对象高亮显示时,单击鼠标左键或中键或按〈Enter〉键即完成选择。

2-7 矢量构造器

2.2.3 矢量构造器

很多建模操作都要用到矢量,用于确定特征或对象的方位。如圆柱体或锥体的轴线方向、拉伸特征的拉伸方向、旋转扫描特征的旋转轴线、曲线投影的投影方向,以及拔模斜度方向等。要确定这些矢量,都离不开矢量构造器。矢量构造器用于构造一个单位矢量,矢量的各坐标分量只用于确定矢量的方向,不保留其幅值大小和矢量的原点。

一旦构造了一个矢量,在图形窗口中将显示一个临时的矢量符号。通常操作结束后该矢量符号即消失,也可利用视图刷新功能消除其显示。

矢量构造器的所有功能都集中体现在如图 2-16 所示的【矢量】对话框中。其部分选项介绍如下。

(1) 自动判断的矢量 根据选择的几何对象不同,自动推测一种方法定义一个矢量,推测的方法可能是表面法线、曲线切线、平面法线或基础轴。

单击【反向】按钮,可以改变矢量的方向,每单击该按钮一次,矢量都会反向一次。

(2) 两点 选择空间两个点来确定一个矢量,其方向由第一点指向第二点。在类型下拉列表中选择【两点】时,【矢量】对话框如图 2-17 所示,可以在【通过点】选项组中选择点的方式。

(3) 与 XC 成一角度 在 XC-YC 平面上构造与 XC 轴夹一定角度的矢量。在类型下拉列表中选择【与 XC 一角度】时,【矢量】对话框如图 2-18 所示,在【角度】文本框输入角度数值。

图 2-16 【矢量】对话框(一)　　图 2-17 【矢量】对话框(二)　　图 2-18 【矢量】对话框(三)

(4) 曲线/轴矢量 沿边界/曲线起始点处的切线构造一个矢量。

(5) 曲线上矢量 以曲线某一点位置上的切向矢量为要构造的矢量。在类型下拉列表中选择【曲线上矢量】时,【矢量】对话框如图 2-19 所示。在【曲线上的位置】选项组中有【位置】下拉列表框和【弧长】组合框,可以通过曲线长度的百分比和曲线长度来确定矢量原点在曲线上的位置。

(6) 面/平面法向 构造与平面法线或圆柱轴线平行的矢量。

(7) XC 轴 构造与坐标系 *X* 轴平行的矢量。

(8) YC 轴 构造与坐标系 *Y* 轴平行的矢量。

(9) ZC 轴 构造与坐标系 *Z* 轴平行的矢量。

(10) -XC 轴 构造与坐标系 *X* 负轴平行的矢量。

(11) -YC 轴 构造与坐标系 *Y* 负轴平行的矢量。

(12) -ZC 轴 构造与坐标系 *Z* 负轴平行的矢量。

(13) 视图方向 构造屏幕视图法线方向的矢量。

(14) 按系数 在【I】、【J】、【K】文本框中输入矢量系数。在类型下拉列表中选择【按系数】时，【矢量】对话框如图 2-20 所示。可以在【矢量】对话框中输入坐标分量值来构造一个矢量。

图 2-19 【矢量】对话框（四）

图 2-20 【矢量】对话框（五）

此时有如下两种坐标系供选择。

1）笛卡儿坐标系：矢量坐标系分量为沿着直角坐标系的三个坐标轴方向的分量值（I, J, K）。

2）球坐标系：矢量分量为球坐标系的两个角度值（Phi, Theta），Phi 是矢量与 *Z* 轴之间的夹角，Theta 是在 *XC-YC* 平面内与 *XC* 之间的方位角。

(15) 按表达式 使用矢量类型的表达式来指定矢量。

2-8 基准平面

2.2.4 基准特征

在使用 NX 12.0 进行建模、装配的过程中，经常需要使用基准特征。NX 12.0 常用的基准特征有【基准平面】、【基准轴】、【基准 CSYS】和【点】等工具，这些工具不直接构建模型，但起了很重要的辅助作用。本节进行详细的讲解。

1. 基准平面

基准平面也称为基准面，是用户在创建特征时的一个参考面，同时也是一个载体。如果在创建一般的特征时，模型上没有合适的平面，用户可以创建基准平面作为特征截面的草图平面或参照平面，也可以根据一个基准平面进行标注。

选择【菜单】|【插入】|【基准/点】|【基准平面】命令，或单击【主页】选项卡中【特征】面组中的【基准平面】按钮，系统弹出如图 2-21 所示的【基准平面】对话框。其中提供了 15 种创建基准平面的方法，介绍如下。

图 2-21 【基准平面】对话框

（1）自动判断　根据选择的几何对象不同，自动推测一种方法定义一个平面，推测的方法可能是表面法平面、曲线平面、平行平面等。

（2）按某一距离　与所选择的平面平行，并可输入某一距离生成平面。

（3）成一角度　某一平面以一条直线或基准轴为旋转轴旋转一定角度生成一个平面。

（4）二等分　通过选择两个平行的平面生成新平面，生成的平面在两个平面中间。

（5）曲线和点　首先选择一条曲线，然后选择一点，则系统构造一个通过指定点并垂直于指定曲线的平面。

（6）两直线　依次选择两条直线来构造一个平面，如果这两条直线相互平行，则所构造的平面通过这两条直线；如果这两条直线垂直，则通过第一条直线，垂直于第二条直线。

（7）相切　与依次指定的两个表面相切构造一个平面，如果与指定的两表面相切的平面不止一个，则系统会显示所有可能平面的法向矢量，用户还需要进一步选择适合的法向矢量。若依次指定一个表面和一个点，则新构造的平面通过指定点并与指定表面相切。

（8）通过对象　指定一条空间曲线，则系统构造一个通过该曲线的平面。选择一条直线，则系统会自动捕捉到直线的端点，在该端点处生成一个与直线垂直的平面。选择一个平面，则在该平面上生成一个平面。

（9）点和方向　先选择一点，新创建的平面通过该点，再选择一直线或基准轴，新创建的平面垂直于该直线或基准轴。

（10）曲线上　选择一条曲线上的点，点的位置可以通过百分比和长度进行设置，在该点处生成一个与曲线垂直的平面。

（11）YC-ZC 平面　利用当前工作坐标系的 *YC-ZC* 平面构造一个新平面，并可通过【距离】文本框设置偏置值。

（12）XC-ZC 平面　利用当前工作坐标系的 *ZC-XC* 平面构造一个新平面，并可通过【距离】文本框设置偏置值。

（13）XC-YC 平面　利用当前工作坐标系的 *XC-YC* 平面构造一个新平面，并可通过【距离】文本框设置偏置值。

（14）视图平面　创建平行于视图平面并穿过绝对坐标系（ACS）原点的固定基准平面。

（15）按系数　利用平面方程 *AX+BX+CX=D*（*A*、*B*、*C*、*D* 为系数）来构造一个平面。在各系数对应的文本框中输入数值，单击【确定】按钮。如果输入的系数可以确定一个平面，则弹出【点】对话框，要求用户指定一个点来确定平面的显示位置（由指定点向光标所在视图投影的射线与新建平面的交点即为显示位置）；如果输入的系数不能确定一个平面，则系统显示出错信息。

2. 基准轴

基准轴可以是相对的，也可以是固定的。以创建基准轴为参考对象，可以创建其他对象，如基准平面、旋转体或拉伸特征等。

选择【菜单】|【插入】|【基准/点】|【基准轴】命令，或单击【主页】选项卡中【特征】面组中的【基准轴】按钮↑，系统弹出如图 2-22 所示的【基准轴】对话框。其中提供了九种创建基准轴的方法，介绍如下。

(1) 自动判断　根据选择的几何对象不同，自动推测一种方法定义一个基准轴，推测的方法可能是表面法线、曲线切线、平面法线。

(2) 交点　通过两个平面相交，在相交处产生一条基准轴。

(3) 曲线/面轴　创建一个起点在选择曲线上的基准轴。

(4) 曲线上矢量　以曲线某一点位置上的切向矢量为要构造的矢量。当在类型下拉列表中选择【曲线上矢量】时，在【曲线上的位置】选项组中有【位置】下拉列表框和【弧长】文本框，在该对话框中，可以通过曲线长度的百分比和曲线长度来确定基准轴原点在曲线上的位置。

(5) XC 轴　构造与坐标系 X 轴平行的基准轴。

(6) YC 轴　构造与坐标系 Y 轴平行的基准轴。

(7) ZC 轴　构造与坐标系 Z 轴平行的基准轴。

(8) 点和方向　通过定义一个点和一个矢量方向来创建基准轴。通过曲线、边或曲面上的一点，可以创建一条平行于线性几何体、基准轴、面轴或垂直于一个曲面的基准轴。

(9) 两点　选择空间两个点来创建一个基准轴，其方向由第一点指向第二点。当在类型下拉列表中选择【两点】时，可以在【通过点】选项组中选择点的方式。

3. 基准坐标系

基准坐标系工具用来创建基准坐标系。选择【菜单】|【插入】|【基准/点】|【基准坐标系】命令，或单击【主页】选项卡中【特征】面组中【基准/点】下拉菜单中的【基准坐标系】按钮，系统弹出如图 2-23 所示的【基准坐标系】对话框。其中提供了多种创建基准坐标系的方法，选项的详细含义可以参照 2.1 节中坐标系创建的相关内容。

图 2-22　【基准轴】对话框

图 2-23　【基准坐标系】对话框

4．基准点

基准点用来为网格生成加载点、在绘制图中连接基准目标和注释、创建坐标系及管道特征轨迹，也可以在基准点处放置轴、基准平面、孔和轴肩。

无论是创建点，还是创建曲线，甚至是创建曲面，都需要使用到点构造器。选择【菜单】|【插入】|【基准/点】|【点】命令，或单击【主页】选项卡中【特征】面组中【基准/点下拉菜单】中的【点】按钮，系统弹出【点】对话框。使用点构造器时，点的类型有自动判断、光标位置和端点等。一般情况下默认用【自动判断】选项完成点的捕捉。其他类型的点在自动判断不能完成的情况下，再选择使用点过滤器。各选项含义可以参照 2.2.1 点构造器中的相关内容。

2.3 视图操作和布局

2.3.1 视图操作

在 NX 建模模块中，沿着某个方向去观察模型，得到一幅平行投影的平面图，称之为视图。不同的视图用于显示在不同方位和观察方向上的图像。视图的观察方向只和绝对坐标系有关，与工作坐标系无关。每一个视图都有一个名称，称为视图名，在绘图区的左下角显示该名称，NX 系统默认定义好了的视图称为标准视图。用户在建模过程中，利用视图工具来操作视图，可大大提高工作效率，确保设计过程顺利进行。

如果要对视图进行操作，可以选择【菜单】|【视图】|【操作】子菜单中的命令，如图 2-24 所示；或者在绘图区单击鼠标右键，在弹出的快捷菜单中选择相应的命令来完成，如图 2-25 所示。

图 2-24 【操作】子菜单　　　　　　　　图 2-25 快捷菜单

也可以通过【视图】选项卡中的相关按钮来完成视图操作。视图工具大致分为四类：方位、可见性、样式和可视化。【视图】选项卡中的各视图工具如图 2-26 所示。还可以通过【上边框条】|【视图组】中的相关按钮来完成视图操作，如图 2-27 所示。

图 2-26 【视图】选项卡

图 2-27 【上边框条】中的【视图组】

1. 利用视图命令操控视图

视图操作工具命令包括【刷新】、【适合窗口】、【根据选择调整视图】、【缩放】、【放大/缩小】、【旋转】、【平移】和【设置旋转参考】。它们的主要作用是调整视图及视图中模型的大小。

【根据选择调整视图】命令可根据选择的对象来调整该对象在视图中的合适位置，便于设计者观察视图中的单个特征对象。

视图中显示大小与位置的操作如下：

（1）适合窗口　单击 按钮，则所有模型对象尽可能大地全部显示在视图窗口的中心。

（2）缩放　单击 按钮，将鼠标选择的矩形区域放大到整个视图窗口显示。

（3）放大/缩小　单击 按钮，然后指定一点作为缩放中心，拖动鼠标上下移动即可动态改变模型在视图中的显示大小和显示位置。

（4）旋转　单击 按钮，拖动鼠标上下左右移动，将以模型的几何中心为旋转中心实现动态旋转，模型大小保持不变。

（5）平移　单击 按钮，拖动鼠标上下左右移动，则模型在视图中平行移动，其法向、大小不变。

2. 设置模型样式

【样式】工具命令是针对模型而言的，【样式】工具命令可快速使模型着色显示、呈边框显示、局部着色显示等。【样式】选项组中包括【带边着色】、【着色】、【带有淡化边的线框】、【带有隐藏边的线框】、【静态线框】、【艺术外观】、【面分析】和【局部着色】等选项。

（1）带边着色　是指用光顺着色并辅以自然光渲染，且显示模型面的边。图 2-28 所示为带边着色显示的模型。

（2）着色　是指用光顺着色并辅以自然光渲染，且不显示模型面的边。图 2-29 所示为着色显示的模型。

（3）带有淡化边的线框　是指旋转视图时，用边缘几何体（只有边的渲染面）渲染（渲染成黄色）光标指向的视图中的面，使模型的隐藏边淡化并动态更新面。图 2-30 所示为带有淡化边的线框显示的模型。

图 2-28　带边着色的模型　　　图 2-29　着色的模型　　图 2-30　带有淡化边的线框的模型

（4）带有隐藏边的线框　是指仅渲染面边缘且带隐藏边的模型显示。图 2-31 所示为带有隐藏边的线框显示的模型。

（5）静态线框　是指用边缘几何体渲染模型上的所有面。图 2-32 所示为静态线框显示的模型。

（6）艺术外观　是指根据指定的材质、纹理和实际光源渲染视图中的模型及屏幕背景。图 2-33 所示为艺术外观显示的模型及背景。

图 2-31　带有隐藏边的线框的模型　　图 2-32　静态线框的模型　　图 2-33　艺术外观的模型

（7）面分析　是用曲面分析数据来渲染视图中的面，用边缘几何体来渲染剩余的面。图 2-34 所示为已进行面分析的模型。

（8）局部着色　是指通过选择装配体或多个实体模型中的单个体，使其单独着色显示。同理，要想使模型局部着色，需先使用【上边框条】中的【实用工具组】中的【对象显示】工具命令，选择单个体以取消其局部着色显示，接着关闭【编辑对象显示】对话框。最后使用【局部着色】工具命令来显示局部着色的模型。

2.3.2　设置定向视图

图 2-34　面分析的模型

用户在建模时，为便于观察视图中的模型状态，需要不时地进行视图的定向。NX 视图的定向有八种，包括正三轴侧图、正等轴侧图、俯视图、前视图、右视图、左视图、后视图、仰视图等。定向视图工具命令的选择，可以通过单击鼠标右键，在弹出的快捷菜单中选择【定向视图】子菜单中的命令，如图 2-35 所示；也可以通过【上边框条】|【视图组】选择工具命令，如图 2-36 所示。

第2章 NX 12.0建模通用知识

图 2-35 【定向视图】子菜单

图 2-36 【定向视图】工具命令

2.3.3 视图布局

视图布局是指按照用户定义的方式在图形区域显示的视图集合。一个视图总是要被命名的，或被系统命名或由用户命名，可随部件文件保存。一个视图布局最多允许同时排列九个视图，用户可以在布局中的任意视图内选择对象，布局可以被保存或删除。

选择【菜单】|【视图】|【布局】子菜单中的命令，如图 2-37 所示；也可以通过【上边框条】|【视图组】中的【视图布局】下拉菜单中的命令，如图 2-38 所示。

图 2-37 【布局】子菜单　　　　　　　　图 2-38 【视图布局】下拉菜单

NX 12.0 系统提供了六种预定义的布局，用户可根据实际情况替换布局中的视图。使用打开布局或新建布局的方法进行视图布局，视图布局完成后如果不满意，可以进行修改，通过【替换视图】命令来修改。

将鼠标指向需要修改的视图，选择【菜单】|【视图】|【布局】|【替换视图】命令，系统弹出如图 2-39 所示的【视图替换为】对话框。在选项列表框中选择某一视图，单击【确定】按钮。

1．新建布局

选择【菜单】|【视图】|【布局】|【新建】命令，或按快捷键〈Shift+Ctrl+N〉，系统弹出如图 2-40 所示的【新建布局】对话框。在【名称】文本框输入新建布局的名称，在【布局】下拉列表中选择所需布局，再根据需要对默认视图进行修改，单击【确定】或【应用】按钮。

图 2-39　【视图替换为】对话框　　　　　图 2-40　【新建布局】对话框

布局名最多可包含 30 个字母、数字组成的字符串，默认状态下，布局名称为 LAYn，其中 n 为整数，从 1 开始对每个默认名的布局以增量 1 逐个命名。

2．打开布局

选择【菜单】|【视图】|【布局】|【打开】命令，或按快捷键〈Shift+Ctrl+O〉，系统弹出如图 2-41 所示的【打开布局】对话框。从列表框中选择满意的布局名，单击【确定】或【应用】按钮。

3．保存布局

选择【菜单】|【视图】|【布局】|【保存】命令，即可保存布局；或选择菜单【视图】|【布局】|【另存为】命令，系统弹出如图 2-42 所示的【另存布局】对话框。在【名称】文本框中输入名称，单击【确定】或【应用】按钮。

图 2-41　【打开布局】对话框　　　　　图 2-42　【另存布局】对话框

2.4　对象操作

在 NX 12.0.0 建模过程中，所创建的点、线、面、实体，甚至图层等都被称为"对象"。

编辑对象是 NX 12.0.0 建模过程中的基本操作，所有有关编辑的命令在【编辑】下拉菜单中都可以找到。由于涉及编辑的命令很多，所以有多个工具条与对象的编辑有关，如编辑曲线、编辑特征和编辑曲面等。本节介绍对象的显示、隐藏及变换等内容，其他内容留在后面具体应用时详细介绍。

2.4.1 对象显示属性

选择【菜单】|【编辑】|【对象显示】命令，系统弹出【类选择】对话框。选择要编辑的对象后，单击【确定】按钮，系统弹出如图 2-43 所示的【编辑对象显示】对话框。其中集中了所有编辑对象显示属性的选项，说明如下。

(1)【图层】文本框　在其中输入要放置对象的层。

(2)【颜色】按钮　单击 [   ] 按钮，系统弹出【颜色】对话框，在其中选择需要的颜色。如果需要更多颜色选择，可以在【颜色】对话框的【调色板】选项组中选择需要的颜色。

(3)【线型】下拉列表框　可以在下拉列表中选择需要的线型。

(4)【宽度】下拉列表框　线型宽度，可以在下拉列表中选择需要的线型宽度。

图 2-43　【编辑对象显示】对话框

(5)【半透明】滑尺　通过移动标尺设置所选对象的透明度。

(6)【局部着色】复选框　用于对象局部着色设置。选中该选项表示对所选对象进行部分着色，不选表示对所选对象不进行部分着色。

(7)【面分析】复选框　用于对所选对象进行面分析。选中该选项表示对所选对象进行面分析。不选表示对所选对象不进行面分析。

(8)【线框显示】选项组　实体或片体以线框显示时设置 U、V 方向的网格曲线数。

(9)【继承】按钮　单击该按钮，弹出一个对话框，提示用户选择一个对象。选择新对象后，新对象的显示设置应用到早先选择的对象上。

(10)【重新高亮显示对象】按钮　单击该按钮，重新高亮度显示所选择的对象。

(11)【选择新对象】按钮　单击该按钮，重新选择新的要编辑对象。

2.4.2 对象颜色属性

选择【菜单】|【编辑】|【对象颜色】命令，系统弹出【类选择】对话框。选择要编辑的对象后，单击【确定】按钮，系统弹出如图 2-44 所示的【颜色】对话框。选择所需要的颜色，单

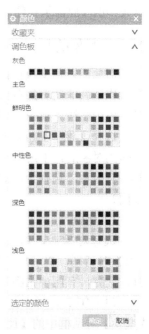

图 2-44　【颜色】对话框

击【确定】按钮即可。

2.4.3 隐藏对象

选择【菜单】|【编辑】|【显示和隐藏】命令,弹出如图 2-45 所示的【显示和隐藏】子菜单;也可以通过【上边框条】|【视图组】中的【显示/隐藏】下拉菜单中的命令进行操作,如图 2-46 所示。

图 2-45 【显示和隐藏】子菜单　　　　　　　图 2-46 【显示/隐藏】下拉菜单

2.4.4 删除对象

选择【菜单】|【编辑】|【删除】命令,系统弹出【类选择】对话框,提示用户选择需要删除的对象。选择对象,单击【确定】按钮即可。同样的功能,可以单击【快速访问】工具条中的【删除】按钮✕。

2.4.5 对象的几何变换

对象的几何变换包括对已存在的独立的对象进行移动、恢复、旋转、缩放、镜像和阵列等操作,并非所有的对象都可以进行几何变换,一般只限于曲线、实体、片体等几何对象,且多用于曲线。视图、图形布局、工程图及当前坐标系不能进行几何变换。

选择【菜单】|【编辑】|【变换】命令,系统弹出【变换】对话框,选择需要进行变换操作的对象后,单击【确定】按钮,【变换】对话框变为如图 2-47 所示的形式。对象的变换类型有多种,选择合适的变换类型后,再逐步响应系统的提示(变换类型不同,提示内容也不同)。

1. 比例

选择对象后,单击如图 2-47 所示的【变换】对话框中的【比例】按钮,系统弹出【点】对话框,提示用户指定一点。指定一点后,系统弹出如图 2-48 所示的【变换】对话框,此时,有两种比例变换方式。

(1)笛卡儿三坐标等比例缩放　此种比例变换为等比变换,只要在如图 2-48 所示的【变换】对话框中的【比例】文本框中输入所要的比例值,单击【确定】按钮即可。

(2)非均匀缩放　单击如图 2-48 所示的【变换】对话框中的【非均匀比例】按钮,系统弹出如图 2-49 所示的【变换】对话框，在各坐标轴对应的文本框中输入需要的比例值，单击【确定】按钮即可。

图 2-47 【变换】对话框（一）　　图 2-48 【变换】对话框（二）　　图 2-49 【变换】对话框（三）

当输入比例后，单击【确定】按钮，系统弹出如图 2-50 所示的【变换】对话框，该对话框提供了九个按钮。它们的意义分别介绍如下。

1）重新选择对象：单击该按钮，系统弹出【类选择】对话框，提示用户重新选择要变换的对象。

2）变换类型—X Scale：单击该按钮，再次弹出如图 2-47 所示的【变换】对话框，提示用户选择变换方法。在不重新选择对象的情况下，修改变换方法。

3）目标图层-原始的：单击该按钮，系统弹出如图 2-51 所示的【变换】对话框，对话框中提供了三个按钮。【工作的】按钮用于把变换后的对象放置到当前工作层；【原始的】按钮用于把变换后的对象放置到原对象所在的图层；【指定】按钮则用于把变换后的对象放置到指定图层。

4）追踪状态-开：单击该按钮，跟踪状态在开、关之间转换。

5）细分-1：单击该按钮，系统弹出如图 2-52 所示的【变换】对话框，【细分】文本框中可以输入分割倍数。该分割倍数把变换距离（角度或倍数）分割成相等的份数，实际变换距离（角度或倍数）只是其中的一份。使用该选项功能的变换命令有平移、比例和旋转。

图 2-50 【变换】对话框（四）　　图 2-51 【变换】对话框（五）　　图 2-52 【变换】对话框（六）

6）移动：单击该按钮，系统把选择对象从第一点移动到第二点。

7）复制：单击该按钮，系统把选择对象从第一点复制到第二点。

8）多个副本-可用：单击该按钮，系统弹出如图 2-53 所示的【变换】对话框，【副本数】文本框可以输入其中某一次要变换的复制数。执行该操作后，将参考复制一个对象时的变换参数，在新的位置复制多个源对象。

9）撤销上一个-不可用：单击该按钮，撤销上一次变换，但继续保持先前选定状态。

2．通过-直线镜像

选择对象后，单击如图 2-47 所示的【变换】对话框中的【通过一直线镜像】按钮，系统弹出如图 2-54 所示的【变换】对话框，该对话框提供了三个选项按钮。

（1）两点　系统以指定两点的连线为对称轴，镜像选定对象。

（2）现有的直线　系统以指定已经存在的直线为对称轴，镜像选定对象。

（3）点和矢量　系统以通过指定点并与指定矢量相平行的矢量为对称轴，镜像选定对象。

3．矩形阵列

选择对象后，单击如图 2-47 所示的【变换】对话框中的【矩形阵列】按钮，系统弹出【点】对话框。提示用户依次指定两点，第一点为对象参考点，第二点为开始点，然后系统弹出如图 2-55 所示的【变换】对话框。提示用户输入相应的参数，参数输入完后，单击【确定】按钮。各参数的意义介绍如下。

图 2-53 【变换】对话框（七）　　图 2-54 【变换】对话框（八）　　图 2-55 【变换】对话框（九）

（1）DXC　XC 轴方向阵列等间距。

（2）DYC　YC 轴方向阵列等间距。

（3）阵列角度　阵列后对象绕 ZC 轴旋转角度。

（4）列（X）　阵列对象的列数。

（5）行（Y）　阵列对象的行数。

4．圆形阵列

选择对象后，单击如图 2-47 所示的【变换】对话框中的【圆形阵列】按钮，系统弹出【点】对话框。提示用户依次指定两点，第一点为对象参考点，第二点为目标点，然后系统弹出如图 2-56 所示的【变换】对话框。提示用户输入相应的参数，参数输入完后，单击【确定】按钮。

5．通过-平面镜像

选择对象后，单击如图 2-47 所示的【变换】对话框中的【通过一平面镜像】按钮，系统弹出如图 2-57 所示的【平面】对话框，提示用户指定一个镜像平面，用户选择镜像平面后，单击【确定】按钮。

第2章 NX 12.0建模通用知识

图 2-56 【变换】对话框（十）

图 2-57 【平面】对话框

2.5 图层管理

在建模过程中，将产生大量的图形对象，如草图、曲线、片体、三维实体、基准特征、标注尺寸和插入对象等，为方便有效地管理如此之多的对象，NX 引入了图层的概念。

图层类似于机械设计师所使用的透明图纸，使用图层相当于在多个透明覆盖层上建立模型。一个层相当于一个覆盖层，不同的是层上的对象可以是三维的对象。一个 NX 部件中可以包含 1~256 个层，每个层上可包含任意数量的对象。因此一个层上可以包含部件的所有对象，而部件中的对象也可以分布在一个或多个层上。

在一个部件的所有层中，只有一个层是工作层，用户所做的任何工作都发生在工作层上。其他层可设为可选择层、只可见层或不可见层，以方便使用。

与图层有关的所有命令都集中在如图 2-58 所示的【格式】子菜单中。

2.5.1 层类目设置

设置层的类目有利于分类管理，提高操作效率。例如，一个部件中可以设置 SOLID、CURVE、SKETCH、DRADTING 和 ASSEMBLY 等类目。可根据实际需要和习惯设置各用户自己的图层标准，通常可根据对象类型来设置图层和图层类，如可以根据表 2-2 所示来设置图层。

图 2-58 【格式】子菜单

表 2-2 设置层类目

图层号	图层内容
1~20	实体（Solid Bodies）
21~40	草图（Sketchs）
41~60	曲线（Curves）
61~80	参考对象（Reference Geometries）
81~100	片体（Sheet Bodies）
101~120	工程图对象（Drafting Objects）

1．建立新的类目的步骤

1）选择【菜单】|【格式】|【图层类别】命令，或单击【上边框条】|【视图组】中【图层】下拉菜单中的【图层类别】按钮，系统弹出如图 2-59 所示的【图层类别】对话框。

2）在【图层类别】对话框中的【类别】文本框输入新的类目名称。

3）单击【创建/编辑】按钮，系统弹出如图2-60所示的【图层类别】对话框。

图2-59 【图层类别】对话框（一）

图2-60 【图层类别】对话框（二）

4）在图层列表框中选择需要的图层，单击【添加】按钮，再单击【确定】按钮即完成新的类目的建立。

对于类目的名称，无论输入大写还是小写字母，系统都自动将其转换为大写字母。

2．编辑类目

在如图2-59所示的【图层类别】对话框中的【过滤】列表框中选择需要编辑的类目，单击【创建/编辑】按钮，即可对类目进行编辑。

2.5.2 设置图层

选择【菜单】|【格式】|【图层设置】命令，或单击【上边框条】|【视图组】中的【图层】下拉菜单中的【图层设置】按钮，系统弹出如图2-61所示的【图层设置】对话框。利用该对话框可以设置部件中的任意一个层为工作层，以及层的可选择性和可见性等，并可以查询层的信息，编辑层的所属类别。

图2-61 【图层设置】对话框

【图层的设置】对话框中的选项介绍如下。

（1）【工作层】文本框　在文本框中输入某图层号并按〈Enter〉键后，系统自动将该图层设置为当前图层。

（2）【按范围/类别选择图层】文本框　在文本框中输入图层类别的名称，系统会自动选取所有。属于该类别的图层。

（3）【信息】按钮　单击该按钮，弹出【信息】对话框。其中显示该部件文件中所有图层及其图层的相关信息，如图层编号、状态和图层类别等。

（4）【类别过滤器】　在【类别过滤器】组合框中输入要设置的图层名称，则系统在过滤器下方的图层列表框内列出符合条件的图层名称。

（5）【设为可选】按钮　利用该按钮，可以将指定图层的属性设置为可选状态，可选状态的图层允许用户选择其上的所有对象。

（6）【设为工作层】按钮　单击该按钮，将指定的图层设置为工作图层。

（7）【设为不可见】按钮　单击该按钮，隐藏指定的图层，其上的所有对象不可见。

（8）【设为仅可见】按钮　单击该按钮，显示指定的图层，其上的所有对象可见。

（9）【显示前全部适合】复选框　选中该复选框，系统会将选中图层的所有对象充满整个显示区域。

2.5.3　在视图中可见

选择【菜单】|【格式】|【视图中可见图层】命令，或单击【上边框条】|【视图组】中的【图层】下拉菜单中的【视图中可见图层】按钮，系统弹出如图 2-62 所示的【视图中可见图层】对话框。在视图列表框中选择所需要的视图，单击【确定】按钮，弹出如图 2-63 所示的【视图中可见图层】对话框。在【图层】列表框中选择图层，单击【可见】按钮，使指定的图层可见；单击【不可见】按钮，使指定的图层不可见。

图 2-62　【视图中可见图层】对话框（一）　　图 2-63　【视图中可见图层】对话框（二）

2.5.4　移动至图层

选择【菜单】|【格式】|【移动至图层】命令，或单击【上边框条】|【视图组】中的【图层】下拉菜单中的【移动至图层】按

钮，系统弹出【类选择】对话框。选择对象后，单击【确定】按钮，系统弹出如图 2-64 所示的【图层移动】对话框。输入图层名或图层类别名，或在【图层】列表框中选中某层，则系统将所选对象移动到指定图层上。

2-13　复制至图层

2.5.5　复制至图层

选择【菜单】|【格式】|【复制至图层】命令，或单击【上边框条】|【视图组】中的【图层】下拉菜单中的【复制至图层】按钮，系统弹出【类选择】对话框，提示用户选择对象。选择对象后，单击【确定】按钮，系统弹出如图 2-65 所示的【图层复制】对话框。输入图层名或图层类别名，或在【图层】列表框中选中某层，则系统会将所选对象复制到指定图层上。

图 2-64　【图层移动】对话框　　　　　图 2-65　【图层复制】对话框

2.5.6　应用实例

2-14　应用实例

1. 创建两个基准平面

具体的操作步骤如下：

1）启动 NX 12.0，打开本书练习文件中的"X:/2/2_2.prt"文件。

2）选择【菜单】|【插入】|【基准/点】|【基准平面】命令，或单击【主页】选项卡【特征】面组中的【基准平面】按钮，系统弹出如图 2-66 所示的【基准平面】对话框。

3）选择如图 2-67 所示的圆柱面的中心线，再选择如图 2-68 所示的圆柱面的中心线。

图 2-66　【基准平面】对话框　　图 2-67　圆柱面的中心线（一）　　图 2-68　圆柱面的中心线（二）

4)单击【基准平面】对话框中的【应用】按钮,创建出一个基准平面,如图2-69所示。

5)选取如图2-70所示的实体顶点,再选择如图2-71所示的实体顶点和如图2-72所示的实体顶点。

图2-69 创建好的基准平面(一) 　　图2-70 选取的顶点(一) 　　图2-71 选取的顶点(二)

6)单击【基准平面】对话框中的【确定】按钮,创建出另一个基准平面并退出【基准平面】对话框,如图2-73所示。

图2-72 选取的顶点(三) 　　图2-73 创建好的基准平面(二)

2.创建基准轴

具体的操作步骤如下:

1)选择【菜单】|【插入】|【基准/点】|【基准轴】命令,或单击【主页】选项卡【特征】面组中的【基准轴】按钮↑,系统弹出如图2-74所示的【基准轴】对话框。

2)选取如图2-75所示圆弧的圆心点,再选择如图2-76所示的圆弧的圆心点。

图2-74 【基准轴】对话框 　　图2-75 选取的圆心点(一)

3）单击【基准轴】对话框中的【应用】按钮，创建出一个基准轴，如图 2-77 所示。

图 2-76　选取的圆心点（二）

图 2-77　创建好的基准轴

4）依次选取上面创建的两个基准平面。

5）单击【基准轴】对话框中的【确定】按钮，创建出另一个基准轴并退出【基准轴】对话框。

2.6　思考与练习题

1．什么是基准特征？有哪几种？

2．简述 NX 12.0 系统中，坐标系的作用和种类。

3．打开本书配套资源中的"X:/2/2_2.prt"文件，将第一层的实体复制到第 10 层，然后移动到第 20 层。

4．打开本书配套资源中的"X:/2/2_2.prt"文件，将实体颜色变为黑色。

5．一个图层的状态有哪四种？

6．创建基准面有哪几种方法，请举例说明。

第 3 章 草图的绘制

草图绘制（简称草绘）功能是 NX 12.0 为用户提供的一种十分方便的画图工具。用户可以首先按照自己的设计意图，迅速勾画出零件的粗略二维轮廓，然后利用草图的尺寸约束和几何约束功能精确确定二维轮廓曲线的尺寸、形状和相互位置。

3.1 草图概述

3.1.1 草图的基本概念

草图（Sketch）是 NX 建模中建立参数化模型的一个重要工具，绘制的曲线不具有参数化特征。通常情况下，用户的三维设计从草图开始，通过 NX 中提供的草图功能建立各种基本曲线，对曲线进行几何约束和尺寸约束，然后对二维草图进行拉伸和旋转等操作创建三维实体。

草图是组成一个轮廓曲线的集合，是一种二维成形特征。轮廓可以用于拉伸或旋转特征，也可以用于定义自由形状特征或过曲线片体的截面。每个草图特征是驻留在用户规定的一个平面上的二维曲线和点的集合，是可再利用的对象。用户可以利用草图通过其他建模特征选项去建立新的特征。草图是可以进行尺寸驱动的平面图形，用于定义特征的截面形状、尺寸和位置。

在 NX 中，有两种方式可以绘制二维草图，一种是利用基本画图工具；另一种就是利用直接草图绘制功能。两者都具有十分强大的曲线绘制功能，但与基本画图工具相比，直接草图绘制功能还具有以下三个显著特点。

1）草图绘制环境中，修改曲线更加方便快捷。

2）用直接草图绘制功能完成的轮廓曲线，与拉伸、旋转、扫描特征生成的实体造型相关联，当草图对象被编辑以后，实体造型也紧接着发生相应的变化，即具有参数设计的特点。

3）在直接草图绘制过程中，可以对曲线进行尺寸约束和几何约束，从而精确确定草图对象的尺寸、形状和相互位置，满足用户的设计要求。

3.1.2 直接草图和任务环境中的草图

在 NX 12.0 中，有两种创建草图的界面，其进入方式和草图环境都不相同，但两种方式创建的草图本身没有区别。

1. 直接草图

直接草图是指在当前模块中直接绘制草图的方法，其工作界面为当前使用的应用模块界面。在 Ribbon（带状工具条）功能区界面，单击【主页】选项卡【直接草图】面组中的【草图】按钮 ，系统弹出如图 3-1 所示的【创建草图】对话框，然后选择草

图 3-1 【创建草图】对话框

图平面即可进入直接草图的工作界面，直接草图工作界面如图 3-2 所示。也可以选择【菜单】|【插入】|【草图】命令，或者选择【菜单】|【插入】|【在任何环境中绘制草图】命令，系统同样弹出如图 3-1 所示的【创建草图】对话框，然后选择草图平面即可进入草图环境。本书以经典工具条界面来讲解草图的功能和应用，如果用户不选择一个基准面或平表面，草图默认转到 XC-YC 平面并建立两基准轴。

图 3-2 直接草图工作界面

2. 任务环境中的草图

选择【菜单】|【插入】|【在任务环境中绘制草图】命令，系统弹出如图 3-1 所示的【创建草图】对话框。选择草图平面之后即可进入任务环境中的草图。

任务环境中的草图是专门的草图应用模块，可以在标题栏中看到应用模块名称。在任务环境中的草图界面里，不仅可以绘制新草图，还可以选择【菜单】|【任务】|【打开草图】命令，打开和编辑工作部件中的其他草图。

3.1.3 草图工作平面

由于草图是一种二维对象的集合，因此必须有特定的草图平面。指定草图平面之后，即保证了绘制的对象将始终在该平面内。在 NX 中有多种方法可指定草图平面，并且在绘制草图之后，可以将草图重新附着到其他平面。

1. 指定草图平面

在 NX 12.0 中绘制草图需要进入草图环境。单击【主页】选项卡【直接草图】面组中的【草图】按钮，或者选择【菜单】|【插入】|【草图】命令，系统弹出如图 3-3 所示的【创建草图】对话框。在【草图类型】下拉列表中对应两种草图类型，如图 3-3 所示。选择不同的草图类型，对话框的内容也就不同。

图 3-3 【创建草图】对话框（一）

（1）在平面上 是以已有平面或新建平面作为草图平面，选择【在平面上】方式时，对话框如图 3-3a 所示，各选项含义介绍如下。

1）在【平面方法】下拉列表中可以选择定义平面的方法，然后选择平面。单击【反向】按钮，可以反转绘图平面的方向。其中定义平面的方法有以下三种。

- 自动判断：系统自动选定有效的草图平面，一般以当前坐标系的 *XY* 平面作为草图平面。选择此选项，用户无需选择平面，单击【确定】按钮即可进入草绘模式。也可以选择目前已有的平面作为草图平面，可选的平面包括基准平面、实体平面表面及由坐标系定义的平面。
- 新平面：选择此选项，【创建草图】对话框如图 3-4 所示，用户需要创建一个新平面作为草图平面。先在【指定平面】下拉列表中选择一种平面创建方式，然后创建所需平面。也可以单击【平面对话框】按钮，系统弹出如图 3-5 所示的【平面】对话框。该对话框中的选项设置与第 2 章中的【基准平面】对话框中的设置基本相同，这里不做详述。

图 3-4 【创建草图】对话框（二）

图 3-5 【平面】对话框

● 指定坐标系：用于指定一个坐标系，在【指定坐标系】下拉列表中选择一种坐标系创建方式，单击【坐标系对话框】按钮，系统弹出【坐标系】对话框。创建坐标系之后回到【草图平面】选项组，即可选择创建的坐标平面作为草图平面。

2）定义一个草图平面之后，需要指定【草图方向】。【草图方向】选项组即用于指定草图的 X、Y 方向。先在【参考】下拉列表中选择要定义的轴方向，【水平】选项对应 X 轴，【竖直】选项对应 Y 轴，然后单击【选择水平参考】按钮，选择一个参考对象：可以选择模型边线、面等对象。如果选择边线对象，则所选轴与该边线平行；如果选择平面对象，则所选轴与该平面垂直。另外，单击该选项组中的【反向】按钮，可以反转当前参考轴的方向。

3）【草图原点】选项组可以修改草图原点的位置。一般将草图原点与特殊位置对齐，如顶点、圆心等。展开该选项组中的【指定点】选项列表，选择一种过滤类型，然后在绘图区选择点。还可以单击【点对话框】按钮，系统将弹出【点】对话框。利用【点】对话框可以构造一个参考点作为草图原点。

（2）基于路径 【基于路径】类型的草图实际仍是平面上的草图，但其平面是由某一路径曲线定义的。选择此类型草图时，【创建草图】对话框如图 3-3b 所示。

1）【路径】选项组。该选项组用于选择定义草图平面的路径，可以选择模型边线和草图线条。

2）【平面位置】选项组。该选项组用于定义平面在曲线上所处的位置，可选择以下三种定义方式。

● 弧长：以平面到轨迹起点的弧长值定义平面位置。
● 弧长百分比：以平面到轨迹起点的弧长值与轨迹总长的比值定义平面位置。
● 通过点：指定一点作为平面的通过点，由此定义平面位置。

3）【平面方位】选项组。该选项组用于指定平面的方向，默认方向是【垂直于路径】，还可选择【垂直于矢量】、【平行于矢量】和【通过轴】选项。单击【反向平面法向】按钮可以反转平面法向，即反转草图 Z 轴的方向。

4）【草图方向】选项组。【基于路径】类型的草图方向选项与【在平面上】类型的草图不同，其始终以 X 轴作为定向基准，包含【自动】、【相对于面】和【使用曲线参数】三种定义方式。

● 自动：选择此选项，系统自动给定一个方向作为 X 轴方向。
● 相对于面：选择此选项，用户需选择一个面作为方向参考，X 轴在坐标原点与此面相切。
● 使用曲线参数：选择此选项，以曲线在此点的切线方向作为 Z 轴方向，单击【反向】按钮，可反转 Z 轴方向。

2. 重新附着草图平面

选择草图平面绘制草图之后，可以修改该草图的平面，将其重新附着到其他的平面上。在草图绘制或编辑状态中，选择【菜单】|【工具】|【重新附着草图】命令，或者单击【主页】选项卡中【直接草图】中的【重新附着】按钮，系统弹出如图 3-6 所示的【重新附着草图】对话框。此时选择新的平面，所选平面上显示新的草图坐标系手柄，如图 3-7 所示。手柄原点代表草图原点，XY 平面代表草图平面，然后单击【确定】按钮即可完成草图的重

新附着。

图 3-6 【重新附着草图】对话框

图 3-7 选择新的草图平面

3.1.4 创建草图的一般步骤

创建草图的一般步骤如下：
1）为用户要建模的特征或部件建立设计意图；
2）使用用户的公司标准去设置计划建立的草图的层与目录；
3）检查和修改草图参数预设置；
4）建立和编辑草图；
5）按用户的设计意图约束草图；
6）使草图建立在用户的模型特征上。

对建立约束的顺序的建议：
1）添加几何约束，固定一个特征点；
2）按设计意图添加充分的几何约束；
3）设计意图加少量尺寸约束（要频繁更改的尺寸）。

3.2 草图曲线的绘制

指定草图平面后，就可以进入草图环境设计草图对象。草图曲线工具命令可以直接绘制出各种草图对象，如点、直线、圆、圆弧、矩形、椭圆和样条曲线等。草图操作工具命令可以对各种草图对象进行操作，如镜像、偏置、编辑、添加、求交和投影等。

3.2.1 草图绘制

【草图曲线】工具条用来直接绘制各种草图对象，包括点和曲线等。

创建一个草图只是构建了一个舞台，要想让它具有生机，具有实际意义，还必须绘制草图曲线。与草图绘制有关的所有命令都集中在【菜单】|【插入】|【草图曲线】和【菜单】|

【编辑】|【草图曲线】两个菜单中（需要在草图环境模式下），如图3-8和图3-9所示，对应的【直接草图】面组中命令如图3-10所示。

图3-8 【草图】环境下的【插入】|【草图曲线】菜单　　图3-9 【草图】环境下的【编辑】|【草图曲线】

图3-10 【直接草图】面组

绘制草图的方法大致有三类。
1）在草图平面内直接利用各种绘图命令绘制草图。
2）借用绘图区内存在的曲线。

3）从实体或片体上提取曲线到草图中。

3.2.2 轮廓

轮廓对象是一段连续的直线和圆弧的组合对象。单击【直接草图】面组上的【轮廓】按钮，或选择【菜单】|【插入】|【草图曲线】|【轮廓】命令，系统弹出如图 3-11 所示【轮廓】对话框。该对话框中【对象类型】选项组用于在直线和圆弧模式之间切换。两个选项组中选项的含义介绍如下。

1. 对象类型

（1）【直线】按钮 激活此按钮，当前绘制的对象为直线，系统以上一条直线的终点作为下一条直线的起点，绘制连续直线。

（2）【圆弧】按钮 激活此按钮，当前绘制对象为圆弧，并且圆弧与上一段线条相切或垂直。绘制一段圆弧之后，系统默认重新激活【直线】按钮，如果要绘制连续圆弧，需要再次单击此按钮。

绘制轮廓时，直线的绘制方式与绘制单条直线基本相同。绘制圆弧的方法有所不同，有以下几点需要注意。

1）如果圆弧是轮廓的起始线条，则圆弧的定义方式为三点方式；如果圆弧不是轮廓的第一段线条，则圆弧与上一段对象在端点处相切。

2）由几何知识可知，在切点已知的情况下，只要确定圆的半径，圆的轨迹即可确定。对于圆弧，还需要指定圆弧包含的圆心角，这两个参数文本框如图 3-12 所示。

3）除了圆弧的两个参数，还需要确定圆弧的方向，由一个直线端点引出的圆弧有八种不同的方向，如图 3-13 所示。在绘制圆弧的过程中，圆弧的方向通过鼠标指针的移动方向来确定。

图 3-11 【轮廓】对话框　　图 3-12 绘制圆弧的参数　　图 3-13 圆弧的方向

4）确定圆弧需要单击鼠标，在文本框中输入参数并按〈Enter〉键不能确定圆弧。

2. 输入模式

输入模式有【坐标模式】XY和【参数模式】两个模式。

（1）坐标模式　在【轮廓】对话框中单击【坐标模式】按钮XY，在绘图区显示如图 3-14 所示的【XC】和【YC】数值输入文本框，在文本框中输入所需数值，确定绘制点。

（2）参数模式　在【轮廓】对话框中单击【参数模式】按钮，在绘图区显示如图 3-15 所示的【长度】和【角度】或者【半径】输入文本框，在文本框中输入所需数值，拖动鼠标，在所要放置位置单击鼠标左键，绘制直线或者圆弧。【坐标模式】与【参数模式】的区别在于文本框中输入数值后，【坐标模式】是确定的，而【参数模式】是浮动的。

图 3-14 【坐标模式】数值输入文本框

图 3-15 【参数模式】数值输入文本框

3.2.3 直线

单击【直接草图】面组上的【直线】按钮，或选择【菜单】|【插入】|【草图曲线】|【直线】命令，系统弹出如图 3-16 所示的【直线】对话框。对话框中包含两个输入模式选择按钮。

(1)【坐标模式】按钮 XY　输入坐标值作为对象定位参数，选择此选项，屏幕上出现浮动的【XC】、【YC】文本框，用于输入 X、Y 坐标，如图 3-16a 所示。

(2)【参数模式】按钮　输入对象长度、角度或半径等几何参数作为定位参数。选择此选项，屏幕上出现【长度】、【角度】文本框，用于输入直线的长度和角度，如图 3-16b 所示。

图 3-16 【直线】对话框

坐标模式是系统默认的初始模式，因为参数模式无法定义起点位置。一旦起点定义之后，系统会自动切换为参数模式，因为对一个设计者来说，要了解的是对象的尺寸参数，而不是终点坐标。

一条直线被起点和终点唯一确定，因此依次指定直线的起点和终点，即完成直线的绘制。可以在屏幕上通过单击确定起点和终点，也可以在浮动文本框中输入参数，按〈Tab〉键在不同参数文本框之间切换，按〈Enter〉键应用该参数。需要注意的是，在使用参数模式输入时，由于长度和角度两个参数不能定义起点位置，因此输入参数之后，系统创建的是一条长度和角度确定，但起点未定的直线，需要用户指定其起点。

绘制一条直线之后，【直线】命令仍处于激活状态，可以继续绘制其他直线，但下一直线与前一直线没有连接，需重新定义起点。单击【直线】对话框中的【关闭】按钮，或按〈Esc〉键，即可退出【直线】命令。

3.2.4 圆弧

圆弧是圆的一部分，因此定义一条圆弧需要在定义一个圆的基础上增加起点和终点的定义。

单击【直接草图】面组上的【圆弧】按钮，或选择【菜单】|【插入】|【草图曲线】|【圆弧】命令，系统弹出如图 3-17 所示的【圆弧】对话框。在【圆弧方法】选项组中提供了两种圆弧定义方法。

(1) 三点定圆弧　利用圆弧上的三点定义一条圆弧。第一个选择点为圆弧起点，第二个选择点为圆弧中间的某一点，第三个选择点为圆弧终点。也可以只定义前两点，然后输入圆弧的半径，即可完全定义该圆弧。三点绘制圆弧的操作如图 3-18 所示。

(2) 中心和端点定圆弧　利用圆心和圆弧两个端点定义一条圆弧。先指定圆弧的中心，然后依次指定圆弧的起点、终点。也可输入扫掠角度来代替定义终点位置。中心和端点绘制圆弧的操作如图 3-19 所示。

图 3-17　【圆弧】对话框　　　图 3-18　三点绘制圆弧　　　图 3-19　中心和端点绘制圆弧

由于圆弧还具有方向特性，在浮动文本框中输入参数之后先按〈Enter〉键锁定参数，锁定之后参数不再随指针变化，然后移动鼠标指针改变圆弧方向，单击鼠标即可在当前方向生成圆弧。

3.2.5　圆

单击【直接草图】面组上的【圆】按钮，或选择【菜单】|【插入】|【草图曲线】|【圆】命令，系统弹出如图 3-20 所示的【圆】对话框。该对话框中【输入模式】选项组两种输入模式的含义在绘制直线中已经介绍过，【圆方法】选项组对应以下两种绘圆方法。

(1) 圆心和直径定圆　单击此按钮即可由圆心和圆上一点定义一个圆。如果使用浮动文本框输入参数，此方法需要指定圆心和直径，如图 3-20 所示。

(2) 三点定圆　此方法是选择圆周上的三个点来定义一个圆，只要是不在同一直线上的三个点，就能够唯一确定一个圆，三点定圆的操作方法如图 3-21 所示。

图 3-20　【圆】对话框及圆心和直径定圆　　　图 3-21　【圆】对话框和三点定圆

3.2.6 矩形

利用矩形可以一次性创建四条相互垂直的边界轮廓，比用直线更快捷。单击【直接草图】面组上的【矩形】按钮 □，或选择【菜单】|【插入】|【草图曲线】|【矩形】命令，系统弹出如图 3-22 所示的【矩形】对话框。在【矩形方法】选项组中提供了三种矩形定义方法。

（1）按 2 点　通过矩形的两个对角点定义一个矩形。先指定一点作为矩形第一角点，然后拖动指针，指定另一角点即可完全定义矩形。也可只定义第一角点，然后指定矩形的长度和宽度参数，并指定矩形方向即可完成矩形的绘制。

（2）按 3 点　此方式先定义矩形一条边的两个端点，然后拖动指针，指定另一边的长度即可定义一个矩形。

（3）从中心　此方式先定义矩形的中心点，然后指定矩形第一条边上的中点（即定义了第二条边的方向和长度），再指定矩形第一条边的长度即可定义该矩形。从中心绘制矩形的操作如图 3-23 所示。

图 3-22　【矩形】对话框　　　　图 3-23　从中心绘制矩形

3.2.7 绘制多边形

确定一个多边形首先需要定义中心点和边数，多边形的大小有三种定义方式，即外接圆半径、内切圆半径或边长，最后还需要定义多边形的旋转角度，即可完全定义该多边形。单击【直接草图】面组上的【多边形】按钮 ⊙，或选择【菜单】|【插入】|【草图曲线】|【多边形】命令，系统弹出如图 3-24 所示的【多边形】对话框。该对话框中各选项组介绍如下。

（1）中心点　指定多边形中心点位置。指定中心点之后，拖动指针生成多边形预览。

（2）边　输入多边形边数，最小边数为 3。

（3）大小　该选项组用于定义多边形的大小和角度方向。先在【大小】下拉列表中选择一种定义方式，选择不同的定义方式，多边形预览也不同。选择【内切圆半径】定义方式，半径连接到边线中点，如图 3-25 所示；选择【外接圆半径】定义方式，半径连接到多边形顶点，如图 3-26 所示；选择【边长】定义方式，半径连接到多边形顶点，但是可以在【长度】文本框中输入

图 3-24　【多边形】对话框

边长，如图 3-27 所示。不论哪种定义方式，指定半径的端点即可确定该多边形。除了指定点，还可以通过在文本框中输入参数的方式来定义多边形。要注意旋转角度是以预览中的半径虚线为测量对象，因此不同的定义方式，旋转效果也不同。

图 3-25　内切圆定义多边形　　图 3-26　外接圆定义多边形　　图 3-27　边长定义多边形

3.2.8　绘制艺术样条

艺术样条通常称为样条曲线，其形态由一系列控制点来控制，其形状自由，可灵活编辑。单击【直接草图】面组上的【艺术样条】按钮，或选择【菜单】|【插入】|【草图曲线】|【艺术样条】命令，系统弹出如图 3-28 所示的【艺术样条】对话框。该对话框中部分选项组的功能介绍如下。

图 3-28　【艺术样条】对话框

（1）类型　选择样条曲线的控制类型，一种是由【通过点】定义，使用这种定义方式，系统用解析方法计算出曲线方程，如两点确定一条直线、三点确定一条二次曲线。另一种是由【极点】定义，极点样条曲线的特点是曲线的端点与极点的连线始终在端点处与样条曲线相切。

（2）点位置　用于指定样条曲线的一系列控制点，根据选择类型的不同，点的类型也不同。每指定一点，系统都会更改曲线的形态以拟合该控制点。

（3）参数化　该选项组用于控制曲线的次数（即曲线方程的次数）。例如，选定了三个控制点，如果设置曲线的次数为 1，则控制点之间以直线相连。该选项组中复选框的选项与选择的曲线类型有关。选中【封闭】复选框，可将样条曲线首尾闭合。

在绘制艺术样条的过程中，可以在已有控制点之间添加更多的控制点，只需将光标移动到样条曲线上单击即可。将光标移动到样条曲线控制点上，展开其右键菜单，可以为该点指定约束及进行删除点等操作。

3.2.9 草图绘制实例

1. 实例 1

绘制如图 3-29 所示的草图，操作步骤如下。

1）启动 NX 12.0，新建 NX 模型文件。单击【主页】选项卡【直接草图】面组中的【草图】按钮，或者选择【菜单】|【插入】|【草图】命令，系统弹出如图 3-1 所示的【创建草图】对话框。使用系统默认的草图平面，单击【确定】按钮，进入草图模式。

2）单击【直接草图】面组上的【矩形】按钮，系统弹出【矩形】对话框。【矩形方法】选择【按 2 点】，【输入模式】选择【坐标模式】，在【XC】和【YC】文本框中分别输入"-46""0"，按〈Enter〉键；在【宽度】和【高度】文本框中分别输入"90""60"，按〈Enter〉键，然后光标移到右上角单击鼠标左键，即可绘制如图 3-30 所示的矩形。

图 3-29 实例 1 草图

图 3-30 绘制的矩形

3）单击【直接草图】面组上的【圆】按钮，系统弹出【圆】对话框。【圆方法】选择【圆心和直径定圆】，【输入模式】选择【坐标模式】，选取如图 3-31 所示的直线中点为圆的圆心；在【直径】文本框中输入"50"，按〈Enter〉键。采用同样的方式绘制直径为 30 的圆，结果如图 3-32 所示。

图 3-31 圆心位置

图 3-32 绘制的两个圆

4）单击【直接草图】面组上的【快速修剪】按钮，系统弹出如图 3-33 所示的【快速修剪】对话框。在绘图区依次选取需要删除的几何要素，结果如图 3-34 所示。

第3章 草图的绘制

图 3-33 【快速修剪】对话框

图 3-34 修剪后的草图

2. 实例 2

绘制如图 3-35 所示的草图，操作步骤如下。

3-2 实例 2

图 3-35 实例 2 草图

1）启动 NX 12.0，新建 NX 模型文件。单击【主页】选项卡【直接草图】面组中的【草图】按钮，或者选择【菜单】|【插入】|【草图】命令，系统弹出【创建草图】对话框。使用系统默认的草图平面，单击【确定】按钮，进入草图模式。

2）单击【直接草图】面组上的【圆】按钮○，系统弹出【圆】对话框。【圆方法】选择【圆心和直径定圆】，【输入模式】选择【坐标模式】，选取坐标系的原点为圆的圆心；在【直径】文本框中输入"30"，按〈Enter〉键。绘制第二个圆，在【XC】和【YC】文本框中分别输入"-120""0"，按〈Enter〉键；在【直径】文本框中输入"50"，按〈Enter〉键，结果如图 3-36 所示。

图 3-36 绘制两个圆

3）单击【直接草图】面组上的【多边形】按钮⬡，系统弹出如图 3-37 所示的【多边形】对话框。单击【点对话框】按钮，系统弹出【点】对话框，在该对话框中输入多边形中心的坐标，该多边形中心为坐标原点，单击【确定】按钮，系统返回到【多边形】对话框。【边数】文本框中输入"4",【大小】下拉列表中选择【外接圆半径】,【半径】文本框中输入"10",【旋转】文本框输入"0",按〈Enter〉键,即可绘制一个四边形,如图 3-38 所示。采用相同的方法绘制一个六边形,结果如图 3-39 所示。

图 3-37 【多边形】对话框

图 3-38 绘制的四边形

4)单击【直接草图】面组上的【直线】按钮,系统弹出【直线】对话框。【输入模式】选择【坐标模式】,在【XC】和【YC】文本框中分别输入"0""15",按〈Enter〉键;然后在绘图区往左移动鼠标绘制一条水平的直线。采用相同的方法绘制另一条直线,结果如图 3-40 所示。

图 3-39 绘制的六边形

图 3-40 绘制的直线

5)单击【直接草图】面组上的【快速修剪】按钮,系统弹出【快速修剪】对话框。在绘图区依次选取需要删除的几何要素,结果如图 3-41 所示。

图 3-41 绘制的草图

3.3 草图操作和编辑

草图操作是指由已有草图曲线创建新的草图对象,包括偏置曲线、阵列曲线、镜像曲线和派生直线等。草图编辑是指对草图对象的修剪、延伸、圆角、倒角等操作。草图的操作和编辑命令是创建复杂草图的有效工具。

3.3.1 偏置曲线

偏置曲线是指由已有的草图线条或模型边线创建与之等距离的草图线条,可偏置的曲线类型非常广泛,包括直线、轮廓、圆弧、样条曲线等。

单击【直接草图】面组上的【偏置曲线】按钮,或选择【菜单】|【插入】|【草图曲线】|【偏置曲线】命令,系统弹出如图 3-42 所示的【偏置曲线】对话框。该对话框中各选项的功能介绍如下。

(1)【选择曲线】按钮　选择要偏置的源曲线。

(2)【添加新集】按钮　用于添加一个新的曲线集,每一个曲线集为一个整体对象,可以在列表中删除,如图 3-42 所示。

(3)【距离】文本框　设置和源曲线的偏移距离。

(4)【反向】按钮　单击此按钮,将当前偏置的方向反向。

(5)【对称偏置】复选框　选中此复选框,将由源曲线向两侧偏置相同距离。

图 3-42 【偏置曲线】对话框

(6)【副本数】文本框　在此文本框中可设置偏置的重复次数,如果设置为 2,则由偏置出的曲线再次向该方向偏置同样距离,以此类推。

(7)【端盖选项】下拉列表　此选项可在偏置曲线与源曲线端点处创建闭合端盖。

(8)【显示拐角】和【显示终点】复选框　在偏移预览中显示偏移的拐角和终点。

(9)【输入曲线转换为参考】复选框　选中此复选框,偏置之后源曲线将被转换为一条构造线。

(10)【次数】和【公差】　这两个选项用于设置偏置曲线的阶次和公差,只对样条曲线有效,一般来说阶次越高、公差越小,偏置曲线与源曲线的相似精度越高。

3.3.2 阵列曲线

阵列曲线是指以特定的布局创建源曲线的多个复制体,NX 12.0 中阵列曲线包括线性、圆形、多边形、沿曲线等多种布局方式。

单击【直接草图】面组上的【阵列曲线】按钮，或选择【菜单】|【插入】|【草图曲线】|【阵列曲线】命令，系统弹出如图 3-43 所示的【阵列曲线】对话框。该对话框有如图 3-43a、b 所示的两个方式，如果创建自动判断约束功能打开，该对话框如图 3-43a 所示，如没有打开，则如图 3-43b 所示。该对话框中包含以下两个选项组。

（1）【要阵列的曲线】选项组　该选项组用于选择要阵列的曲线对象，还可以打开【点】对话框，构造一个或多个点作为阵列对象。

（2）【阵列定义】选项组　该选项组用于定义阵列的方式，以及距离、数量等参数。首先在【布局】下拉列表中选择一种布局方式，不同的布局方式对应的阵列参数也不同。

在草图绘制中，常用的阵列布局是线性阵列和圆形阵列，分别介绍如下。

1. 线性阵列曲线

选择线性阵列布局方式时，对话框如图 3-43 所示，其阵列参数包括以下各项。

图 3-43 【阵列曲线】对话框

（1）【方向 1】选项组　该选项组用于设置在第一个阵列方向上的阵列参数。

1）【选择线性对象】按钮：用于选择阵列的参考方向，必须选择线性的对象，如直线、坐标轴、模型的直线边线等。

2）【反向】按钮：用于反转预览中的阵列方向。

3）【间距】下拉列表：用于设置该方向上的阵列分布数量和距离。【数量和间隔】选项是指定阵列的总数量和相邻实例的间距，【数量和跨距】选项是指定阵列总数量和总距离，

【节距和跨距】选项是指定相邻实例间距和总距离。跨距和节距的定义如图 3-44 所示。

（2）【方向 2】选项组 选中【使用方向 2】复选框，可以在另一个线性方向生成阵列，其参数含义与【方向 1】选项组中的相同。

（3）【阵列增量】选项组 该选项组用于创建实例间距变化的阵列，单击【阵列增量】按钮，系统弹出如图 3-45 所示的【阵列增量】对话框。【参数】选项组中列出了各阵列方向上的参数。双击某个参数可以将其添加到对应方向的增量列表中，如图 3-45 所示。在【增量】文本框中输入增量值，即为该参数设置了增量。设置增量之后，相邻实例间的参数将按此增量变化。图 3-46 所示是为方向 1 和方向 2 的间距设置增量的效果。

图 3-44 节距和跨距　　　图 3-45 【阵列增量】对话框　　　图 3-46 增量阵列的效果

（4）【实例点】选项组 该选项组用于选择若干个实例。在阵列预览中，每个实例以一个实例点显示，如图 3-47 所示。选取实例中心的方格，然后单击鼠标右键，系统弹出如图 3-48 所示的快捷菜单，选择【删除】命令可以删除选中的实例；选择【旋转】命令，系统弹出如图 3-49 所示的【旋转】对话框，可以将选中的实例沿方向 1 和方向 2 旋转一定增量。

图 3-47 阵列的实例点　　　图 3-48 实例点上的右键菜单　　　图 3-49 【旋转】对话框

（5）【阵列设置】选项组 该选项组用于设置阵列的特殊效果。

1)【仅限框架】复选框：只有使用两个方向阵列时，此复选框才可用。选中此复选框，只阵列出两个方向边线上的实例，不阵列中间的实例，如图 3-50 所示。

2)【交错】下拉列表：选择一种实例的交错分布方式。图 3-51 所示是在竖直方向交错分布的效果。

图 3-50　仅限框架的阵列　　　　　图 3-51　交错的阵列

2．圆形阵列曲线

当选择布局方式为【圆形】时，【阵列曲线】对话框如图 3-52 所示，各选项功能介绍如下。

（1）【旋转点】选项组　该选项组用于指定圆形阵列的中心。当阵列范围不是 360° 时，单击【反向】按钮可以反转预览的阵列方向。

（2）【斜角方向】选项组　该选项组用于设置阵列的间距和数量，可在【间距】下拉列表中选择一种定义方式。【数量和节距】选项是指定实例的总数和相邻实例所夹的圆心角，【数量和跨距】选项是指定实例的总数和全部实例包含的总角度，【节距和跨距】选项是指定相邻实例所夹的圆心角和全部实例包含的总角度。

（3）【辐射】选项组　选中【创建同心成员】复选框，可激活该选项组。指定辐射参数，可以创建与圆心阵列同心但阵列半径不同的多组环形实例，如图 3-53 所示。

图 3-52　【阵列曲线】对话框　　　　　图 3-53　【辐射】选项组和创建同心的环形阵列

（4）【方位】选项组　该选项组用于设置阵列出的实例的自旋特性，包括【与输入相同】和【遵循阵列】两个选项。如果选择【与输入相同】选项，则只有实例点按阵列变化，而各实例的角度保持与源实例一致，如图 3-54 所示。如果选择【遵循阵列】选项，则实例上的每一点均按阵列变化，如图 3-55 所示。

图 3-54　【与输入相同】选项效果　　　　图 3-55　【遵循阵列】选项效果

圆形阵列的其他选项组含义和用法与线性阵列相同，这里不再介绍。

3.3.3　镜像曲线

镜像曲线是指将曲线关于某条直线对称复制，该直线称为镜像中心线。单击【直接草图】面组上的【镜像曲线】按钮，或选择【菜单】|【插入】|【草图曲线】|【镜像曲线】命令，系统弹出如图 3-56 所示的【镜像曲线】对话框。在【要镜像的曲线】选项组中选择要镜像的对象，然后在【中心线】选项组中选择镜像中心线。在【设置】选项组中可以设置将镜像中心线转换为构造线，单击【确定】按钮即完成镜像，如图 3-57 所示。

图 3-56　【镜像曲线】对话框　　　　图 3-57　镜像曲线的效果

3.3.4　派生直线

派生直线是指由已有的直线创建特殊位置的直线。单击【直接草图】面组上的【派生直

线】按钮，或选择【菜单】|【插入】|【草图曲线】|【派生直线】命令，光标变为样式，然后在绘图区选择参考直线，参考直线类型不同，派生的直线也不相同。

（1）选择单条直线作为参考　派生的直线就是与参考对象平行的直线，需要输入偏置距离，如图3-58所示。

（2）选择两条平行直线　派生的直线是两条平行线的中线（与两线平行且等距），中线的长度需要用户输入，如图3-59所示。

（3）选择两条不平行直线　派生的直线是两直线的角平分线，平分线的起点为两直线的交点（或虚拟交点），平分线的长度需要用户输入，如图3-60所示。

图3-58　单条直线的派生直线　　图3-59　两平行线的派生直线　　图3-60　两相交直线的派生直线

执行一次派生直线操作之后，系统默认以派生出的直线作为对象，继续生成派生直线。按〈Esc〉键退出该直线的派生，但【派生直线】命令没有退出，可继续选择其他要派生的直线，再次按〈Esc〉键则退出【派生直线】命令。

3.3.5　快速修剪

修剪是指将草图线条在某个区间内的部分减除。单击【直接草图】面组上的【快速修剪】按钮，或选择【菜单】|【编辑】|【草图曲线】|【快速修剪】命令，系统弹出如图3-61所示【快速修剪】对话框。在该对话框中自动激活了【要修剪的曲线】选项组下的【选择曲线】选项，可以单击选择要修剪的部分。在NX 12.0中，被修剪的部分要与某个边界相交，结果是单击位置到最近边界的部分被减除，如图3-62所示。

图3-61　【快速修剪】对话框　　　　图3-62　修剪的效果

如果修剪的目标不是到最近边界，而是到指定的某个边界，则需要在该对话框中激活边界曲线的选择按钮，然后选择要修剪到的边界，如图 3-63 所示。

图 3-63　修剪到指定边界

此外，在执行修剪命令之后，可以按住鼠标左键并拖动，生成笔画轨迹，轨迹经过的线条将被修剪，如图 3-64 所示。

图 3-64　拖动修剪

3.3.6　快速延伸

延伸是指将某一线条伸长到与最近的边界相交。在草图中，为了保证轮廓的封闭性，经常要用到延伸操作。单击【直接草图】面组上的【快速延伸】按钮，或选择【菜单】|【编辑】|【草图曲线】|【快速延伸】命令，系统弹出如图 3-65 所示的【快速延伸】对话框。该对话框与【快速修剪】对话框类似，同样可以不选择边界，将线条延伸到最近边界，或者选择边界，将线条延伸到指定边界。最近的边界是指离单击点最近的边界，将指针移动到线段某一端时，系统生成该端点到最近边界的延伸预览，单击即可完成延伸，延伸效果如图 3-66 所示。

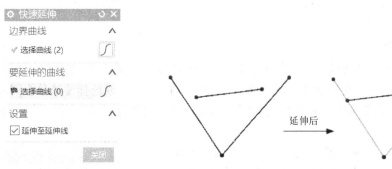

图 3-65　【快速延伸】对话框　　　　图 3-66　延伸的效果

3.3.7 草图圆角

草图圆角是指在两条或三条曲线之间创建圆弧过渡，可选的曲线对象非常灵活，可以是相交线或平行线，也可以是直线、圆弧、样条曲线等。单击【直接草图】面组上的【圆角】按钮 ，或选择【菜单】|【插入】|【草图曲线】|【圆角】命令，系统弹出如图 3-67 所示的【圆角】对话框。该对话框中包含【圆角方法】和【选项】两个选项组。

（1）【圆角方法】选项组　该选项组用于设置圆角之后原对象是否修剪。选择【取消修剪】选项，被圆角的对象不发生变化，如图 3-68 所示。选择【修剪】选项，被圆角的曲线会被修剪或延伸到圆弧，如图 3-69 所示。

图 3-67　【圆角】对话框　　　图 3-68　不修剪的圆角　　　图 3-69　修剪的圆角

（2）【选项】选项组　该选项组的两个选项是复选项。【删除第三条曲线】选项用于三曲线圆角时，选择此选项将删除第三条被圆角曲线。【创建备选圆角】选项用于在圆角的各种可能效果之间切换，在两圆之间创建圆角。第一种效果如图 3-70 所示，第二种效果如图 3-71 所示。另外，按〈Page Up〉和〈Page Down〉键，也可在这两种效果之间切换。

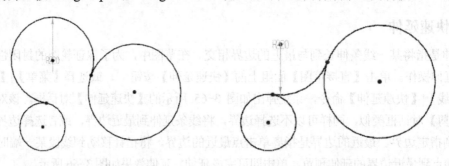

图 3-70　圆角的第一种效果　　　　　　　图 3-71　圆角的第二种效果

3.3.8 草图倒斜角

草图倒斜角是指在两直线的交叉位置创建倾斜直线过渡，与圆角不同的是，倒斜角的对象只能是直线。单击【直接草图】面组上的【倒斜角】按钮 ，或选择【菜单】|【插入】|【草图曲线】|【倒斜角】命令，系统弹出如图 3-72 所示的【倒斜角】对话框。该对话框中各选项介绍如下。

（1）【选择直线】按钮　选择两条要生成斜角的直线。

（2）【修剪输入曲线】复选框　选择此复选框，将修剪所选择的直线到倾斜直线，类似于【圆角】对话框中的【修剪】选项功能。

（3）【倒斜角】下拉列表　选择倒斜角的类型。选择【对称】选项是指在两条直线上的倒角距离相同，此时【偏置】选项组只有一个【距离】参数；选择【非对称】选项是指两条直线上的倒角距离不同，此时选项组有【距离 1】和【距离 2】两个参数；选择【偏置和角度】选项是指由倒角距离和斜角的倾斜角度定义斜角。各参数前的复选框表示锁定该参数，锁定之后该参数不随鼠标指针移动而变化。

（4）【指定点】选项　跟创建圆角一样，在两直线之间创建倒角也有多种位置可选，该选项用于设置倒斜角的位置。

选择倒斜角的直线之后，也可利用鼠标快捷菜单来设置倒角参数。右击鼠标展开右键菜单，如图 3-73 所示，先在【倒斜角】子菜单中选择倒斜角的方式，然后在浮动文本框中输入倒角参数，按〈Enter〉键可以锁定该参数。将指针移动到要倒角的位置，单击即可创建倒角。

图 3-72　【倒斜角】对话框

图 3-73　快捷菜单

3.3.9　添加现有曲线

添加现有曲线是指把已经存在的点或曲线添加到草图中，已经存在的点或者曲线是指在绘图区中已经创建好的点或者曲线。单击【直接草图】面组上的【添加现有曲线】按钮，或选择【菜单】|【插入】|【草图曲线】|【现有曲线】命令，系统弹出如图 3-74 所示的【添加曲线】对话框。选取绘图区中需要添加的曲线，然后单击【确定】按钮，即可完成添加操作。

如果所选取的基本曲线已经用于拉伸、旋转、扫掠等操作，则不能添加到草图。抛物线、双曲线、螺旋线和样条曲线等不能添加到草图中。在草图绘制环境中，为了区分草图对象和其他几何对象，系统用绿色来显示草图对象，用蓝色显示其他几何对象。

图 3-74　【添加曲线】对话框

3.4　草图约束

在绘制草图时，不必考虑草图曲线的精确位置和尺寸，在完成草图对象的绘制之后再统

一对草图对象进行约束控制。对草图进行合理的约束是实现草图参数化的关键所在。因此，完成草图绘制后，应根据需要约束草图。在 NX 12.0 中，草图尺寸约束工具在【直接草图】面组上，如图 3-10 所示。也可在菜单【插入】|【草图约束】命令的子菜单中调用约束命令，如图 3-75 所示。一般情况下，草图约束包含三种类型，即几何约束、尺寸约束和定位约束。

图 3-75　菜单栏中的约束命令

3.4.1　自动判断约束和自动尺寸标注

在 NX 12.0 中绘制草图时，系统默认的选项是【连续自动标注尺寸】和【创建自动判断约束】。连续自动标注尺寸是指每绘制一个对象，系统将自动生成该对象的几何尺寸和定位尺寸。例如，绘制一个矩形之后，系统会自动标出矩形的所有尺寸，如图 3-76 所示。状态栏显示"草图需要 0 个约束"表明草图已经完全定义。创建自动判断约束是指系统根据用户绘制对象的位置，自动为其添加对应约束，例如，沿水平方向绘制的直线将被添加水平约束，捕捉到端点绘制的对象将被添加重合约束。需要说明的是，仅由几何约束无法完全定义一个草图。如图 3-77 所示，状态栏提示绘制的矩形还需要 4 个约束。绘图过程中同时使用自动尺寸约束和自动几何约束，这样既能完全定义草图，约束的标注也比较简洁，如图 3-78 所示。

草图需要0个约束

图 3-76　连续自动标注尺寸

草图需要4个约束

图 3-77　仅创建自动判断约束

【直接草图】面组上，取消选中【创建自动判断约束】选项和【连续自动标注尺寸】选项，可分别取消自动判断约束和自动标注尺寸。单击【直接草图】面组上的【自动判断约束和尺寸】按钮，系统弹出如图 3-79 所示的【自动判断约束和尺寸】对话框。在该对话框中可以选择要应用的自动约束，未选中的约束将不会被自动添加。在该对话框中还可以设置自动标注尺寸的规则。

图 3-78　应用【连续自动标注尺寸】和【创建自动判断约束】选项　　图 3-79　【自动判断约束和尺寸】对话框

自动产生约束是指系统用选择的几何约束类型，根据草图对象间的关系，自动添加相应约束到草图对象上的方法。单击【直接草图】面组上的【自动约束】按钮，系统弹出如图 3-80 所示的【自动约束】对话框，该对话框中显示了当前草图对象之间可以建立的几何约束类型。在该对话框中选择自动添加到草图对象的某些约束类型，然后单击【确定】或【应用】按钮，系统分析草图对象的几何关系，根据选择的约束类型，自动添加相应的几何约束到草图对象上。该方法主要适用于位置关系已经明确的草图对象，对于约束那些添加到草图中的几何对象，尤其是从其他 CAD 系统转换过来的几何对象特别有用。

3.4.2　几何约束

几何约束条件一般用于定位草图对象和确定草图对象间的相互关系，即用于限制草图对象的形状。单击【直接草图】面组上的【几何约束】按钮，或选择【菜单】|【插入】|【草图约束】|【几何约束】命令，系统弹出如图 3-81 所示的【几何约束】对话框，该对话框包含了三个选项组。选择相关的草图对象，系统会弹出相应的工具条，在弹出的工具条中选择所需要的约束方式。

图 3-80 【自动约束】对话框　　　　图 3-81 【几何约束】对话框

（1）【约束】选项组　在此选项组中选择要添加的约束类型，单击相应按钮即可。几何约束包括以下类型。

1）固定：该约束是将草图对象固定在某个位置。不同几何对象有不同的固定方法，点一般固定其所在位置；线一般固定其角度或端点；圆和椭圆一般固定其圆心；圆弧一般固定其圆心或端点。

2）完全固定：该约束是将所选草图对象全部固定。

3）水平：该约束定义直线为水平直线（平行于工作坐标系的 XC 轴）。

4）竖直：该约束定义直线为竖直直线（平行于工作坐标系的 YC 轴）。

5）定长：该约束定义选取的曲线为固定的长度。

6）定角：该约束定义选取的直线为固定的角度。

7）共线：该约束定义两条或多条直线共线。

8）平行：该约束定义两条曲线相互平行。

9）垂直：该约束定义两条曲线彼此垂直。

10）等长：该约束定义选取的两条或多条曲线等长。

11）同心：该约束定义两个或多个圆弧或椭圆弧的圆心相互重合。

12）相切：该约束定义选取的两个对象相互相切

13）等半径：该约束定义选取的两个或多个圆弧等半径。

14）点在曲线上：该约束定义所选取的点在某曲线上。

15）重合：该约束定义两个或多个点相互重合。

16）中点：该约束定义指定点位于曲线的中点。

17）均匀比例：该约束定义样条曲线的两端点移动时，保持样条曲线的形状不变。

18）非均匀比例：该约束定义样条曲线的两端点移动时，样条曲线的形状改变。

19）点在线串上：约束所选的点在抽取的线串上。

20）曲线的斜率：约束样条曲线某一控制点的切线与某条直线或坐标轴平行。此约束无法约束基于极点的样条曲线。

21) ⊢⊣ 水平对齐：约束两个或多个顶点或点，使之水平对齐。
22) ⫶ 竖直对齐：约束两个或多个顶点或点，使之竖直对齐。
23) 与线串相切：约束曲线，使之与一连串曲线相切。
24) 垂直于线串：约束一条曲线，使之与曲线的线串垂直。

手工添加约束是指对所选对象由用户来指定某种约束的方法。当进入几何约束操作后，系统提示用户选择要产生约束的几何对象。这时，可在绘图工作区中选择一个或多个草图对象，所选对象在绘图工作区中会加亮显示。同时，可以对所选对象添加几何约束类型，添加的几何约束类型将在约束类型列表框中列出。

根据所选草图对象的几何关系，在约束类型列表框中选择一个或多个约束类型，系统将添加指定类型的几何约束到所选草图对象上，并且草图对象的某些自由度符号会因产生的约束而消失。例如，当选择一条直线和一个圆时，如果选择相切约束，即使它们是分开的，系统也将自动使圆和直线相切。约束草图对象以后，需要查看草图的约束效果，即把约束反映到草图对象上。当没有选择【延迟求解】选项时，添加的几何约束立刻会反映到草图对象上，使草图对象按添加的几何约束移动草图对象的位置；当选择了【延迟求解】选项时，添加的几何约束不会立即反映到几何对象上。

(2)【要约束的几何体】选项组　根据所选约束的类型不同，该选项组的选项也不同。如果约束类型是两个或多个对象之间的位置关系（如平行、同心、垂直、相切等），选项组将出现【选择要约束的对象】和【选择约束到的对象】两个选择按钮。一般来说，要约束的对象可选择多个，但约束到的对象只能选择一个，选择两组对象之后，即完成约束添加；如果约束类型是单个对象的位置约束（如水平、竖直、固定、定长等），则选项组只有【选择要约束的对象】选择按钮。

【自动选择递进】复选框用于控制【要约束的几何体】选项组中的选择递进，选中此复选框，选择要约束的对象之后，系统将自动切换到【选择约束到的对象】按钮；如果取消选中此复选框，选择要约束的对象之后，系统仍然激活此按钮，继续选择要约束的对象，直到用户手动激活下一按钮为止。

(3)【设置】选项组　该选项组如图 3-82 所示。启用的约束将以图标形式显示在【约束】选项组中。

图 3-82　【几何约束】对话框中的【设置】选项组

3.4.3 尺寸约束

草图中的尺寸约束相当于草图的尺寸标注，不同点是尺寸约束可以驱动元素对象的尺寸，即根据给定约束尺寸限制、驱动和约束草图元素的大小和形状。

在 NX 12.0 中，对草图的尺寸标注即是添加尺寸约束。草图对象受尺寸的驱动，当修改尺寸之后，对象的几何形状或位置将随之变化。单击【直接草图】面组上的【尺寸约束】按钮，或选择【菜单】|【插入】|【草图约束】|【尺寸】命令，其子菜单中提供了五种尺寸约束类型，各种尺寸约束类型的功能如下。

（1）快速尺寸　选择此选项，系统弹出如图 3-83 所示的【快速尺寸】对话框。系统根据选择的对象类型自动判断尺寸类型。例如，选择圆将约束圆的直径，选择直线将根据指针拖动方向生成竖直、水平或平行尺寸。用户也可在【方法】下拉列表中指定测量方法，从而生成指定类型的尺寸。

（2）线性尺寸　选择此选项，系统弹出如图 3-84 所示的【线性尺寸】对话框。该对话框的组成与【快速尺寸】对话框基本相同，只是【方法】下拉列表中的选项更少，只提供线性尺寸的选项。

（3）角度尺寸　约束两直线所成的角度，可以是平行直线。

（4）径向尺寸　约束圆或圆弧的直径或半径。

（5）周长尺寸　约束曲线的长度。选择此选项，系统弹出如图 3-85 所示的【周长尺寸】对话框。选择对象之后，【距离】文本框中显示该对象的当前周长，修改周长值将更新对象的长度。

图 3-83 【快速尺寸】对话框　　图 3-84 【线性尺寸】对话框　　图 3-85 【周长尺寸】对话框

选择一种尺寸约束类型之后，在绘图区选择要约束的对象，系统将生成尺寸线预览。拖动指针可以调整尺寸线的位置，在某一位置单击放置尺寸线，系统弹出浮动文本框，如图 3-86 所示。文本框包括参数名和参数值两部分，用于修改参数值。创建一个尺寸之后，不会退出尺寸对话框，可以继续创建相同类型的尺寸约束。

无论是哪一种类型的尺寸对话框，单击【设置】选项组中的【设置】按钮 ，系统都会弹出如图 3-87 所示的【线性尺寸设置】对话框。在该对话框中可以设置尺寸的文字和箭头的样式、尺寸公差等。

图 3-86 尺寸的参数名和参数值

图 3-87 【线性尺寸设置】对话框

3.4.4 编辑草图约束

尺寸约束和几何约束创建后，用户有时可能还需要修改或者查看草图约束。下面介绍显示草图约束、删除草图约束、动画约束、自动判断约束设置、参考约束和备选解等编辑草图约束的操作方法。

（1）隐藏和显示所有约束　单击【直接草图】面组上的【显示草图约束】按钮 ，在草图对象中将显示所有的约束，如图 3-88 所示。取消选择【显示草图约束】选项，即可将草图中所有的约束隐藏。

（2）草图关系浏览器　【草图关系浏览器】命令可在活动的草图中查看有关草图对象的详细信息并解决冲突的约束，如曲线及其关联的约束、约束及其关联的曲线、尺寸及其关联的曲线。还可以删除尺寸和约束，适应屏幕以查看约束及其曲线，也可以使用草图关系浏览器查看一些曲线和约束。

单击【直接草图】面组上的【关系浏览器】按钮 ，或选择【菜单】|【工具】|【草图约束】|【草图关系浏览器】命令，系统弹出如图 3-89 所示的【草图关系浏览器】对话框。利用该对话框可以查看几何约束的类型和约束的信息，同时也可以完成几何约束的删除操作，该对话框可以代替【显示/移除约束】命令。该对话框中各选项介绍如下。

图 3-88 显示所有约束　　　　　　　　　图 3-89 【草图关系浏览器】对话框（一）

1)【范围】下拉列表中有【单个对象】、【多个对象】和【活动草图中的所有对象】选项。选择【单个对象】选项时，【浏览器】列表中只能选取单个几何对象；选择【多个对象】选项时，【浏览器】列表中可以选取显示的所有几何对象；选择【活动草图中的所有对象】选项时，【浏览器】列表中显示所有的几何对象。

2)【顶级节点对象】选项组中有【曲线】和【约束】两个单选项。选择【曲线】选项时，【浏览器】列表中显示曲线，如图 3-89 所示；选择【约束】选项时，【浏览器】列表中显示约束，如图 3-90 所示。

图 3-90 【草图关系浏览器】对话框（二）

(3) 动画演示尺寸　动画尺寸是指用户设定尺寸约束的变化范围和动画的循环次数，系统以动画的形式显示尺寸变化。单击【直接草图】面组上的【动画演示尺寸】按钮，或选择【菜单】|【工具】|【草图约束】|【动画演示尺寸】命令，系统弹出如图 3-91 所示的【动

画演示尺寸】对话框。在对话框上部的列表框中或在绘图区中选择一个尺寸表达式，然后在对话框下部参数区中设置好动画的有关参数，单击【应用】按钮，即开始动态显示，同时系统弹出如图 3-92 所示的【动画】对话框。单击【停止】按钮，即可结束动态显示过程。

（4）转换至/自参考对象 利用该功能，可以将草图中的曲线或尺寸转化为参考对象，或将参考对象再次激活，转换为正常的曲线或尺寸。单击【直接草图】面组上的【转换至/自参考对象】按钮，或选择【菜单】|【工具】|【草图约束】|【转换至/自参考对象】命令，系统弹出如图 3-93 所示的【转换至/自参考对象】对话框。当要将草图中的曲线或尺寸转换为参考对象时，只需要在绘图区中选取该对象，然后激活对话框中【活动曲线或驱动尺寸】单选项，即可完成参考对象的转换操作。

图 3-91 【动画演示尺寸】对话框　　图 3-92 【动画】对话框　　图 3-93 【转换至/自参考对象】对话框

在进行草图元素的几何约束和尺寸约束时，作为基准、约束或定位使用的草图元素，应将其转换为参考对象。另外，有些可能导致过约束的草图尺寸也应该转换为参考对象。

3.5 草图应用实例

3-3 草图综合实例 1

3.5.1 草图综合实例 1

草图实例 1 的图形如图 3-94 所示。

图 3-94 草图综合实例 1

（1）新建文件 单击【快速访问】工具条中的【新建】按钮，系统弹出【新建】对话框。输入文件名称,设置文件位置,单击【确定】按钮。

(2)进入草图环境　单击【主页】选项卡【直接草图】面组中的【草图】按钮,系统弹出【创建草图】对话框。单击【确定】按钮,进入草图界面。

(3)绘制轮廓线　单击【直接草图】面组中的【创建自动判断约束】按钮,自动添加约束。单击【直接草图】面组中的【圆】按钮○,系统弹出如图 3-95 所示的【圆】对话框。绘制如图 3-96 所示的多个圆,圆 1 和圆 2 同心并与坐标系原点重合,圆 4 和圆 5 同心。

图 3-95 【圆】对话框

图 3-96 绘制的多个圆

(4)绘制直线　单击【直接草图】面组中的【直线】按钮,系统弹出【直线】对话框。绘制如图 3-97 所示的两条直线。

(5)几何约束　单击【直接草图】面组中的【几何约束】按钮,系统弹出如图 3-98 所示的【几何约束】对话框。单击【点在曲线上】按钮,选择圆 1 的圆心,单击鼠标中键,再选择 XC 轴;选择圆 1 的圆心,单击鼠标中键,再选择 YC 轴;单击【水平对齐】按钮,选择圆 3 的圆心,单击鼠标中键,选择圆 1 的圆心;选择圆 4 的圆心,单击鼠标中键,选择圆 1 的圆心;单击【水平】按钮,依次选择两条直线;单击【相切】按钮,选择圆 4,单击鼠标中键,再选择一条直线;选择圆 4,单击鼠标中键,再选择另一条直线;单击【相等】按钮,选择一条直线,单击鼠标中键,再选择一条直线;单击【关闭】按钮,系统退出【几何约束】对话框。

图 3-97 绘制的直线

图 3-98 【几何约束】对话框

(6)快速修剪　单击【直接草图】面组中的【快速修剪】按钮,系统弹出如图 3-99 所示的【快速修剪】对话框。依次选取需要删除的几何要素,修剪后得如图 3-100 所示的图形。

图 3-99 【快速修剪】对话框

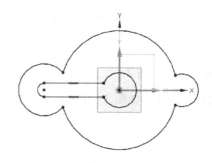

图 3-100 修建后的图形

（7）尺寸约束　单击【直接草图】面组中的【快速尺寸】按钮，系统弹出如图 3-101 所示的【快速尺寸】对话框。【方法】下拉列表中选择【直径】，然后选择圆 1，系统弹出一尺寸文本框，该尺寸为原始尺寸，在尺寸文本框中输入"15"，按〈Enter〉键；用同样的方法标注其他圆的直径和半径，结果如图 3-102 所示。【方法】下拉列表中选择【自动判断】，选择圆 3 和圆 4 的圆心，在尺寸文本框中输入"64"，按〈Enter〉键；采用相同的方法标注其他尺寸，结果如图 3-103 所示。

图 3-101 【快速尺寸】对话框

图 3-102 添加直径和半径尺寸后的图形

图 3-103 完全约束后的图形

(8) 完成草图 单击【直接草图】面组中的【完成草图】按钮，则窗口回到建模环境界面。

3.5.2 草图综合实例 2

草图实例 2 的图形如图 3-104 所示。

图 3-104 草图综合实例 2

（1）新建文件 单击【快速访问】工具条中的【新建】按钮，系统弹出【新建】对话框。输入文件名称，设置文件位置，单击【确定】按钮。

（2）进入草图环境 单击【主页】选项卡【直接草图】面组中的【草图】按钮，系统弹出【创建草图】对话框。单击【确定】按钮，进入草图界面。

（3）绘制椭圆 单击【直接草图】面组中的【椭圆】按钮，系统弹出如图 3-105 所示的【椭圆】对话框。单击【点对话框】按钮，系统弹出【点】对话框，分别在【X】、【Y】和【Z】文本框中输入"0、0、0"，单击【确定】按钮，系统返回到【椭圆】对话框，在【大半径】文本框中输入"50"，【小半径】文本框中输入"30"，其他采用默认值，单击【确定】按钮，绘制如图 3-106 所示的椭圆。

图 3-105 【椭圆】对话框

图 3-106 绘制的椭圆

（4）绘制六边形 单击【直接草图】面组中的【多边形】按钮，系统弹出如图 3-107

所示的【多边形】对话框。单击【中心点】选项组中的【指定点】按钮，系统弹出【点】对话框，分别在【X】、【Y】和【Z】文本框中输入"-25、0、0"，单击【确定】按钮，系统返回到【多边形】对话框，【边数】文本框中输入"6"，然后在绘图区合适位置确定另一点，即可绘制如图 3-108 所示的六边形。

图 3-107 【多边形】对话框

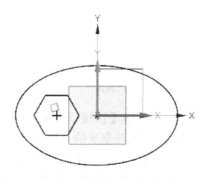

图 3-108 绘制的六边形

（5）绘制圆　单击【直接草图】面组中的【圆】按钮○，系统弹出【圆】对话框。绘制如图 3-109 所示的多个圆，圆 1 和圆 2 同心。

（6）绘制圆弧　单击【直接草图】面组中的【圆弧】按钮⌒，系统弹出如图 3-110 所示的【圆弧】对话框。单击【中心和端点定圆弧】按钮⌒，选择如图 3-111 所示的椭圆下象限点作为圆弧的圆心，再确定如图 3-112 所示的圆弧的起点，最后确定圆弧的终点，绘制如图 3-113 所示的圆弧 1；采用相同的方法绘制如图 3-114 所示的圆弧 2。

图 3-109 绘制的多个圆

图 3-110 【圆弧】对话框

图 3-111 确定圆弧的圆心

图 3-112 确定圆弧的起点

图 3-113　绘制圆弧 1　　　　　　　　图 3-114　绘制圆弧 2

（7）快速修剪　单击【直接草图】面组中的【快速修剪】按钮，系统弹出【快速修剪】对话框。依次选取需要删除的几何要素，修剪后得如图 3-115 所示的图形。

（8）倒圆　单击【直接草图】面组上的【圆角】按钮，系统弹出如图 3-116 所示的【圆角】对话框和【半径】文本框。在【半径】文本框中输入"5"，按〈Enter〉键，然后依次在图形区域选择修剪后的圆弧的交点，结果如图 3-117 所示。

图 3-115　修剪后的图形　　　　　　　图 3-116　【圆角】对话框

（9）几何约束　单击【直接草图】面组中的【几何约束】按钮，系统弹出【几何约束】对话框。单击【点在曲线上】按钮，选择椭圆的圆心，单击鼠标中键，再选择 XC 轴；选择椭圆的圆心，单击鼠标中键，再选择 YC 轴；单击【水平】按钮，选择六边形最下面的那条边；单击【水平对齐】按钮，选择圆 3 的圆心，单击鼠标中键，选择椭圆的圆心；选择圆 1 的圆心，单击鼠标中键，选择椭圆的圆心；单击【等半径】按钮，选择圆弧 1，单击鼠标中键，选择圆弧 2；单击【竖直对齐】按钮，选择圆弧 1 的左端点，单击鼠标中键，选择圆弧 2 的左端点；选择圆弧 1 的圆心，单击鼠标中键，选择原点；单击【重合】按钮，选择圆 3 的圆心，单击鼠标中键，选择六边形的中心；单击【平行】按钮，选择椭圆，单击鼠标中键，XC 轴；单击【关闭】按钮，系统退出【几何约束】对话框。

（10）尺寸约束　单击【直接草图】面组中的【快速尺寸】按钮，系统弹出【快速尺寸】对话框。【方法】下拉列表中选择【直径】，然后选择圆 2，系统弹出一尺寸文本框，该尺寸为原始尺寸，在尺寸文本框中输入"10"，按〈Enter〉键；用同样的方法标注其他圆的直径和半径。【方法】下拉列表中选择【自动判断】，标注其他尺寸，结果如图 3-118 所示。

图 3-117 倒圆后的图形

图 3-118 完全约束后的图形

（11）完成草图　单击【直接草图】面组中的【完成草图】按钮，则窗口回到建模环境界面。

3.6 思考与练习题

3-5 练习题

1. 什么是草图？什么时候用户应该使用草图？
2. 草图中各对象的颜色分别代表什么含义？
3. 如何在草图环境中阵列曲线？阵列曲线的方法包括哪两种主要类型？
4. 列举几种草图的尺寸约束方法、几何约束方法。
5. 草图的两种约束类型是什么？
6. 如何为草图重新制定附着平面？
7. 绘制矩形的方式有哪几种，分别举例说明。
8. 应用草图功能，绘制如图 3-119～图 3-123 所示的二维截面图。

图 3-119 练习题 1

图 3-120 练习题 2

图 3-121 练习题 3

图 3-122 练习题 4

图 3-123 练习题 5

第4章 创建和编辑曲线

曲线是建立实体模型的基础,利用曲线拉伸、旋转和扫描等方法,可快速建立截面形状比较复杂的实体特征。NX 12.0 的曲线功能很强,可建立最简单曲线及各种各样的复杂曲线,利用 NX 12.0 的曲线功能可以建立点、直线、圆弧、圆锥曲线和样条曲线等。

4.1 基本曲线的绘制

曲线同草图一样都可以构建出用于回转、拉伸等相关特征操作的基础图形,两者有共同点,但又有区别:①草图上的曲线被严格地限定在一个平面上,建模环境中的曲线是三维的;②建模环境中的曲线不能用几何约束和尺寸约束来定义;③建模环境中的曲线可以是非关联的、非参数化的,而草图中的曲线都是参数化的。

4.1.1 曲线功能概述

曲线功能分为三部分:曲线、编辑曲线及派生曲线。

生成的曲线用于建立遵循设计要求的点、直线、圆弧、样条曲线、二次曲线、平面等几何要素。一般来说,曲线功能建立的几何要素主要是位于工作坐标系 *XY* 平面上(用捕捉点的方式也可以在空间上画线),当需要在不同平面上建立曲线时,需要用坐标系工具【菜单】|【格式】|【WCS】|【旋转】或者【定向】来转换 *XY* 平面。

编辑功能是对几何要素进行编辑修改,如修剪曲线、编辑曲线参数和曲线拉伸等。

利用这些曲线功能,可以方便快捷地绘制出各种各样复杂的二维图形。曲线功能是 NX 中最基本的功能之一。按设计要求建立曲线,所建立的曲线作为构造 3D 模型的初始条件,如用于生成扫描特征及构造空间曲线。

在建模模块下,选择【菜单】|【插入】|【曲线】或者【派生曲线】命令。【曲线】选项卡中的【曲线】面组、【派生曲线】面组和【编辑曲线】面组如图 4-1 所示。

图 4-1 【曲线】选项卡

基本曲线包括直线、圆弧、圆、圆角、修剪和编辑曲线参数等基本图标按钮,可以用来构造所有截面或平面图形,还可以作为特征建模的辅助参照来帮助准确定位或定形。基本曲线的绘制正确与否,直接影响着实体或曲面的生成。

4.1.2 基本曲线

1. 功能选择

单击【曲线】面组上的【基本曲线】按钮，或选择菜单【插入】|【曲线】|【基本曲线】命令，系统弹出如图 4-2 所示的【基本曲线】对话框和如图 4-3 所示的【跟踪条】。

图 4-2 【基本曲线】对话框（一）

图 4-3 【跟踪条】

2. 跟踪条参数

用于显示和输入建立直线、圆弧和圆曲线时的形状和位置参数，建立不同的曲线有不同的参数。

输入【跟踪条】参数时，要按两段进行输入。【XC】、【YC】和【ZC】三个参数输入坐标值，其余参数是输入形状参数值，每指定一段参数后要按〈Enter〉键才能接受输入的参数，在各参数之间切换用〈Tab〉键或单击鼠标中键。

在输入【跟踪条】参数时，不要随意移动鼠标，在接受输入参数前不要移动鼠标。用曲线建立实体特征时，曲线形状应尽量简单，一般不要做圆角操作或倒角操作，圆角和倒角利用实体建模功能中的相应功能去完成，这样可以改善建模的复杂性和可修改性。

3. 直线

在 NX 12.0 中，直线是通过空间两点产生的一条线段。它作为一种基本的构造图元，在空间无处不在，两个平面相交可以产生一条直线，通过棱角实体模型的边线也可以产生一条边线作为直线段。

单击【曲线】面组上的【基本曲线】按钮，系统弹出【基本曲线】对话框和【跟踪条】。在该对话框中系统默认的类型是直线，通过【打断线串】工具命令，可以创建互不连接的线段。如果选中【无界】复选框，则可绘制无限长的直线；如果绘制与基准轴成角度的直线，在【角度增量】文本框中输入相应的角度即可。

（1）绘制空间任意两点直线　该方式通过选取【点方法】下拉列表中的点类型，系统自动捕捉空间中选取的点，并在点之间创建一条直线。

控制点一般是指曲线的特征点，如曲线的端点、中点，样条的拟合点等，直线的中点是控制点的一种特殊类型。

（2）绘制与 XC 成一角度的直线　在建模过程中，有时需要绘制与某直线、基准轴或平面成一定角度的直线来创建基准平面。单击【曲线】面组上的【基本曲线】按钮，系统弹出【基本曲线】对话框和【跟踪条】。选取起点、终点，并在【角度】文本框中输入相应的角度即可。绘制如图 4-4 所示的直线，具体操作为：在【XC】、【YC】和【ZC】文本框中分别输入"0"，按〈Enter〉键；在【长度】和【角度】文本框中分别输入"120"和"70"，按〈Enter〉键即可绘制出直线。

图 4-4　绘制与 XC 成一角度的直线

此时，系统默认的是在 XC—YC 平面内绘制的成角度直线，如果绘制与其他平面成角度直线或其他平面内的直线，可以单击【曲线】面组上的【直线】按钮，系统弹出【直线】对话框，可以在该对话框中设置直线参数。

（3）绘制与坐标轴平行的直线　绘制与坐标轴平行的直线包括平行于 XC、平行于 YC 和平行于 ZC 等三种类型，它们多用于复杂曲面创建的辅助线。

在绘制直线时，也可以利用【跟踪条】，并在其对应的文本框中设置点坐标、直线距离、角度等参数来快速绘制直线。

（4）通过一点绘制与指定直线平行、垂直或成一定角度的直线　首先指定起始点，然后选择一条直线，朝适当方向拖动光标指定终点即可创建直线平行线或垂直线，若在【跟踪条】中的【角度】文本框中输入角度，则可创建与指定直线成角度的直线。

（5）通过一点绘制与指定曲线相切或垂直的直线　首先指定起始点，然后选择已存在的曲线，如果创建切线，也可以先选择曲线，最后指定终点，如果指定终点时选择曲线对象，则创建的直线终点在选定的曲线对象上。

（6）通过一点绘制与直线平行并相隔指定距离的直线　绘制平行线时，一定要关闭【线串模式】复选框。选择与直线平行的直线，选择时，注意鼠标的位置，如果鼠标放在直线的左边（上方），则绘制的平行线在直线的左边（上方）；如果鼠标放在直线的右边（下方），则绘制的平行线在直线的右边（下方）。平行距离在【跟踪条】中的【平行距离】文本框中设置，【按给定距离平行于】如果选择【原始的】选项，则距离以最原始的直线计算，【按给定距离平行于】如果选择【新的】选项，则距离以最新绘制的直线计算。

4. 圆弧

在 NX 12.0 中，圆弧可用于建立圆弧曲线和扇形，也可用作放样物体的放样截面。单击【基本曲线】对话框中的【圆弧】按钮，【基本曲线】对话框如图 4-5 所示，该对话框提供了两种圆弧绘制方法，【跟踪条】中的文本框也会发生相应的变化。

（1）起点、终点、圆弧上的点 该方式通过依次选取的三个点作为圆弧的起点、终点和圆弧上的一点，从而创建出圆弧。

（2）中心、起点、终点 选择【中心、起点、终点】单选项，在绘图区依次选取三个点作为中心、起点和终点即可创建圆弧。

此外，还可以利用跟踪条中的文本框输入坐标值和半径或直径的方法，精确绘制圆及圆弧。

5. 圆

圆是平面内到定点的距离等于定长的所有点组成的封闭图形。在 NX 中，它常用作基础特征的截面，并且由圆生成的特征包括球体、台体以及各种自由曲面等类型。单击【基本曲线】对话框中的【圆】按钮，【基本曲线】对话框如图 4-6 所示。在该对话框中只有【增量】复选框和【点方法】下拉列表处于激活状态，其功能同绘制圆弧时对话框中的选项一样。系统提供了两种绘制圆的方式。

图 4-5 【基本曲线】对话框（二）　　图 4-6 【基本曲线】对话框（三）

（1）利用圆心、圆上的点绘制圆 该方式通过捕捉一点作为圆心，另外一点作为圆上一点以确定半径创建圆。系统一般默认生成的圆在 $XC-YC$ 平面内或平行于该平面。圆心和圆上一点的坐标可以在【跟踪条】中的文本框输入。

（2）利用圆心、半径或直径绘制圆 该方式完全利用【跟踪条】中的文本框输入参数来绘制圆。可以输入圆心坐标、半径或直径等参数，按〈Tab〉键可以切换文本输入。

6. 圆角

倒圆角是指在相邻边之间形成的圆滑过渡，产生的圆角圆弧相切于相邻的两条边。倒圆角操作不仅满足了工艺的需要，而且还可以防止零件应力过于集中从而损坏零件。

单击【基本曲线】对话框中的【圆角】按钮，系统弹出如图 4-7 所示的【曲线倒圆】对话框。在该对话框中有三种倒圆角方式。

（1）简单倒圆角 用于共面但不平行的两直线间的倒圆角操作。在【半径】文本框中输入圆角半径，并将光标移至两条直线交点处，单击鼠标即可，如图 4-8 所示。也可以通过【继承】工具命令，继承已有的圆角半径来创建圆角。

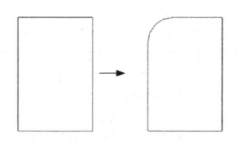

图 4-7 【曲线倒圆】对话框　　　　图 4-8　简单倒圆角

（2）2 曲线圆角　该方式可以在空间的任意两条直线、曲线，或者直线与曲线之间进行倒圆角操作，它比简单倒圆角的应用更加广泛。依次选择第一条曲线和第二条曲线，然后制定圆角的近似中心位置。如图 4-9 所示，先选取曲线 1 为第一条曲线，再选取曲线 2 为第二条曲线，确定圆角中心位置，单击鼠标左键，可得结果 A；如果先选取曲线 2 为第一条曲线，再选取曲线 1 为第二条曲线，确定圆角中心位置，单击鼠标左键，可得结果 B。选取曲线的顺序不同，得到的结果也不同。

图 4-9　2 曲线倒圆角

（3）3 曲线圆角　是指在同一平面上任意相交的三条曲线之间的圆角操作，但对于三条曲线交于一点除外。选择曲线时也要注意选择的位置和顺序，不同的顺序得到不同的结果。图 4-10 所示为依次选取曲线 1、曲线 2 和曲线 3，然后单击鼠标左键倒圆的结果。

图 4-10　3 曲线倒圆角

4.1.3 直线

【直线】命令可创建直线段。当所需创建直线的数量较少或在三维空间中绘制与几何体相关的直线时，应用【直线】命令比较方便。如果所有直线均在二维平面上，创建草图可能更容易。

4-2 直线

单击【曲线】面组上的【直线】按钮，或选择【菜单】|【插入】|【曲线】|【直线】命令，系统弹出如图 4-11 所示的【直线】对话框。

(1)【起点选项】下拉列表　定义直线的起点，选项如下。
- 自动判断：通过一个或多个点来创建直线。
- 点：根据选择的对象来确定要使用的最佳起点选项。
- 相切：用于创建与曲线对象相切的直线。

(2)【终点选项】下拉列表　定义直线的终点，选项如下。
- 自动判断：通过一个或多个点来创建直线。
- 点：根据选择的对象来确定要使用的最佳终点选项。
- 相切：用于创建与曲线对象相切的直线。
- 成一角度：用于创建与选定的参考对象成一定角度的直线。
- xc沿 XC：创建平行于 XC 轴的直线。
- yc沿 YC：创建平行于 YC 轴的直线。
- zc沿 ZC：创建平行于 ZC 轴的直线。
- 法向：沿所选对象的法向创建直线。

(3)【限制】选项组　指定起始与终止限制以控制直线长度，如选定的对象、位置或值。

(4)【支持平面】选项组　在各支持平面上定义直线。支持平面可以是自动平面、锁定平面和选择平面。

图 4-11　【直线】对话框

(5)【设置】选项组　设置直线是否具有关联性。若更改输入参数，关联曲线将会自动更新。

4.1.4 圆弧/圆

【圆弧/圆】命令可创建关联的空间圆弧和圆。圆弧类型取决于组合的约束类型。通过组合不同类型的约束，可以创建多种类型的圆弧和圆。和直线命令一样，当在三维空间中需要绘制与几何体相关的圆弧或圆较少时，使用【圆弧/圆】命令比较方便。如果所有圆弧都在一个二维平面上，使用草图会比较容易。

单击【曲线】面组上的【圆弧/圆】按钮，或选择菜单【插入】|【曲线】|【圆弧/圆】命令，系统弹出如图 4-12 所示的【圆弧/圆】对话框。

(1) 类型　设置圆弧或圆的创建方法类型。
- 三点画圆弧：指定圆弧必须通过的三个点或指定两个点和半径创建圆弧。
- 从中心开始的圆弧/圆：指定圆弧中心及第二个点或半径创建圆弧。

(2)【起点】选项组　指定圆弧的起点约束。在圆弧或圆的创建方法类型设置为【三点画圆弧】时显示。具体内容与【直线】对话框中的【起点选项】相同。

第4章 创建和编辑曲线

图 4-12 【圆弧/圆】对话框

(3)【端点】选项组　用于指定终点约束。在圆弧或圆的创建方法类型设置为【三点画圆弧】时显示。终点约束的【自动判断】、【点】和【相切】选项的作用与【起点】选项约束相同。

(4)【中点】选项组　用于指定中点的约束。中点约束的【自动判断】、【点】、【相切和半径】选项的作用与【终点】选项约束相同。

(5)【中心点】选项组　用于为圆弧中心选择一个点或位置，仅在圆弧或圆的创建方法类型设置为【从中心开始的圆弧/圆】时显示。

(6)【通过点】选项组　用于指定终点约束，仅当选择【从中心开始的圆弧/圆】类型的创建圆弧/圆时显示。

(7)【大小】选项组　在【中点】选项设置为半径时可用，用于指定半径的值。

(8)【支持平面】选项组　用于指定平面以便在其上构建圆弧或圆，除非锁定该平面，否则更改约束后它可能发生变化。支持平面可以是自动平面、锁定平面和选择平面。

(9)【限制】选项组
- 起始限制：用于指定圆弧或圆的起点。要定义起始限制，可以在对话框中输入起始限制值、拖动限制手柄，或是在屏显文本框中输入值。
- 终止限制：用于指定圆弧或圆的终点位置。
- 角度：将值或在点类型的起始限制设置为指定的值。
- 整圆：用于将圆弧指定为完整的圆。
- 补弧：用于创建圆弧的补弧。

(10)【设置】选项组　设置圆和圆弧是否关联。
- 备选解：如果圆弧或圆的约束允许有多个解，则在各种可能的解之间循环。

4.1.5 直线和圆弧工具

【直线和圆弧】工具条是特殊的下拉菜单和工具命令，用于通过预定义的约束组合来快速创建关联或非关联的直线和曲线。执行命令时不打开任何对话框和操作任何图标选项控件。

单击【曲线】面组上的【直线和圆弧】下的▼按钮，如图 4-13 所示，或选择【菜单】|【插入】|【曲线】|【直线和圆弧】子菜单命令，如图 4-14 所示。

图 4-13 【直线和圆弧】工具条　　　　　　图 4-14 【直线和圆弧】子菜单

【直线和圆弧】工具条中常用子菜单命令的名称及功能说明见表 4-1。工具条上各命令的捕捉点规则适用于多数直线和圆弧创建选项。单击左键创建直线或圆弧，单击中键可以取消创建直线和圆弧。当满足所有约束条件后，将自动创建直线和圆弧而无需使用平面约束。

表 4-1 【直线和圆弧】工具条命令及功能说明

图标	名　　称	说　　明
	关联	关联开关。按钮打开时所创建的曲线是关联特征，更改输入的参数，关联曲线自动更新
	直线（点-点）	使用起点和终点约束创建直线
	直线（点-XYZ）	使用起点和沿 XC，YC 或 ZC 方向约束创建直线
	直线（点-平行）	使用起点和平行约束（角度约束设置为 0°/180°）创建直线
	直线（点-垂直）	使用起点和垂直约束（角度约束设置为 90°）创建直线
	直线（点-相切）	使用起点和相切约束创建直线
	直线（相切-相切）	使用相切到相切约束创建直线
	无界直线	无界直线切换开关。借助当前选定的直线创建方法，使用【延伸直线到屏幕边界】选项可创建受视图边界限制的直线
	圆弧（点-点-点）	使用三点约束创建圆弧
	圆弧（点-点-相切）	使用起点和终点约束及相切约束创建圆弧
	圆弧（相切-相切-相切）	创建与其他三条圆弧有相切约束的圆弧
	圆弧（相切-相切-半径）	使用相切约束并指定半径约束创建与两圆弧相切的圆弧
	圆（点-点-点）	使用三个点约束创建一个完整的圆弧圆

(续)

图标	名 称	说 明
○	圆（点-点-相切）	使用起始和终止点约束及相切约束创建完整的圆弧圆
○	圆（相切-相切-相切）	创建一个与其他三个圆弧有相切约束的完整圆弧圆
○	圆（相切-相切-半径）	使用起始和终止相切约束并指定半径约束创建一个完整圆弧圆
⊙	圆（中心-点）	使用中心和起始点约束创建基于中心的圆弧圆
○	圆（中心-半径）	使用中心和半径约束创建基于中心的圆弧圆
⊙	圆（中心-相切）	使用中心和相切约束创建基于中心的圆弧圆

4.1.6 矩形

矩形和多边形都是由直线组成的封闭图形，除了部分被用作创建的辅助平面之外，它们主要用于在草图环境构建特征的截面。

在建模环境中，绘制矩形相对比较简单，只需定义两个对角点即可创建矩形。单击【曲线】面组上的【矩形】按钮□，或选择【菜单】|【插入】|【曲线】|【矩形】命令，系统弹出【点】对话框。分别在【点】对话框中定义矩形两个对角点，即得到所需要的矩形。如果要创建的矩形不在 *XC-YC*、*YC-ZC* 或 *XC-ZC* 平面内，则可平行于 *YC* 轴创建其中的两条边。【点】对话框的详细情况可参照本书的第 2 章的相应内容。

4.1.7 多边形

正多边形是所有内角棱边长度都相等的简单多边形，它的所有顶点都在同一外接圆上，并且每个多边形必须有一个外接圆。

单击【曲线】面组上的【多边形】按钮⊙，或选择【菜单】|【插入】|【曲线】|【多边形】命令，系统弹出如图 4-15 所示的【多边形】对话框。在【边数】文本框中输入边数，单击【确定】按钮或鼠标中键，系统弹出如图 4-16 所示的【多边形】对话框。该对话框中包含三种多边形创建方式，其中，【内切圆半径】方式利用内切圆创建多边形，需要确定内切圆半径和方位角；【多边形边】方式利用棱边长和方位角来创建多边形；【外接圆半径】方式利用外接圆半径和方位角来创建多边形。

图 4-15 【多边形】对话框（一）

图 4-16 【多边形】对话框（二）

4.1.8 样条

NX 12.0 中创建的所有样条都是非均匀有理 B 样条（NURBS），在本章中，术语"样条"均指 B 样条。

样条有四种创建方法，见表 4-2。

表 4-2 样条的四种创建方法

方法	说明	图解	方法	说明	图解
根据极点	使样条向各数据点（即极点）移动，但并不通过该点，端点处除外		拟合	使用指定公差将样条与其数据点相拟合，样条不必通过这些点	
通过点	样条通过一组数据点		垂直于平面	样条通过并垂直于平面集中的各平面	

选择【菜单】|【插入】|【曲线】|【样条】命令，系统弹出如图 4-17 所示的【样条】对话框。单击【通过点】按钮，系统弹出如图 4-18 所示的【通过点生成样条】对话框，采用默认选项，单击【确定】按钮或单击鼠标中键，系统弹出如图 4-19 所示的【样条】对话框。单击【点构造器】按钮，系统弹出【点】对话框，此时在绘图区连续单击多个点，如图 4-20 所示。两次单击【点】对话框【确定】按钮或鼠标中键，系统弹出如图 4-21 所示的【指定点】对话框，单击【是】按钮，系统返回到【通过点生成样条】对话框，均采用默认设置，单击【确定】按钮或鼠标中键得到如图 4-22 所示样条曲线。

图 4-17 【样条】对话框（一）　　图 4-18 【通过点生成样条】对话框　　图 4-19 【样条】对话框（二）

图 4-20 在绘图区单击多个点　　图 4-21 【指定点】对话框　　图 4-22 生成的样条

4.1.9 螺旋线

【螺旋线】命令可以创建沿矢量或指定脊线螺旋样条，如图 4-23 所示，两条螺旋线分别是沿 Z 轴矢量和圆弧为脊线绘制的螺旋线。另外，可以指定规律类型以定义可变螺距和可变半径。

单击【曲线】面组上的【螺旋线】按钮，或选择【菜单】|【插入】|【曲线】|【螺旋线】命令，系统弹出如图4-24所示的【螺旋】对话框。

图4-23 Z轴矢量和圆弧为脊线绘制的螺旋线　　　图4-24 【螺旋】对话框

（1）创建螺旋线的两种类型
- 沿矢量：用于沿指定矢量创建直螺旋线，如图4-23a所示。
- 沿脊线：用于沿所选脊线创建螺旋线，如图4-23b所示，中间圆弧为螺旋线的脊线。

（2）【方位】选项组
- 指定坐标系：用于指定坐标系，以定向螺旋线。可以通过单击【坐标系对话框】按钮或者选择【坐标系】下拉菜单指定。将类型设置为【沿矢量】或【沿脊线】及将【方位】设置为指定坐标系时可用，创建的螺旋线与坐标系的方向关联。螺旋线的方向与指定坐标系的 Z 轴平行。可以选择现有的坐标系，也可以使用其中选项组中的坐标系选项，或使用【坐标系】对话框来定义坐标系。
- 角度：用于指定螺旋线的起始角。零起始角将与指定坐标系的 X 轴对齐。

（3）【大小】选项组
- 直径/半径：用于定义螺旋线的直径值或半径值。
- 规律类型：指定大小的规律类型。

（4）【螺距】选项组　指定螺旋线半径/直径和螺距的规律类型。规律类型见表4-3。

表4-3　包含的规律类型

图标	名称	含义
凵	恒定	给规律函数的分量定义一个常数值
⊿	线性	定义从指定起点到指定终点变化的线性规律
⊿	三次	定义一个从指定起点到指定终点的三次变化规律
⊿	沿脊线的线性	使用沿着脊线的两个或多个点来定义线性规律函数。在选择脊线后，可以沿着该脊线指出多个点，系统会提示用户在每个点处输入一个值
⊿	沿脊线的三次	指定沿着脊线的两个或多个点来定义一个三次规律函数。在选择脊线后，可以沿着该脊线指出多个点，系统会提示用户在每个点处输入一个值
⊿	根据方程	以参数形式使用参数表达式变量 t 来定义方程。将参数方程输入到【表达式】对话框中。选择【根据方程】选项来识别所有的参数表达式并创建曲线
⊿	根据规律曲线	用于选择一条由光顺连接的曲线组成的线串来定义一个规律函数

(5)【长度】选项组
- 方法：按照圈数或起始/终止限制来指定螺旋线长度，包括【限制】和【圈数】选项。【限制】选项用于根据弧长或弧长百分比来指定起点和终点位置，【圈数】用于指定圈数，输入的数值必须>0。

(6)【设置】选项组
- 旋转方向：用于指定绕螺旋轴旋转的方向。【右手】选项：螺旋线为右旋（逆时针）；【左手】选项：螺旋线为左旋（顺时针）。
- 距离公差：控制螺旋线与理论螺旋线（无偏差）的偏差。减小该值可降低偏差。值越小，描述样条所需控制顶点的数量就越多。默认值为建模时距离公差的首选项。
- 角度公差：控制沿螺旋线的对应点处法向之间的最大许用夹角角度。

4.1.10 规律曲线

规律曲线是根据一定的规律或按照用户定义的公式而建立的样条曲线，它可以是二维曲线，也可以是三维曲线。规律曲线是使用规律定义曲线在 X、Y、Z 三个分量上的变化规律。对于各种规律曲线，往往需要使用不同的变化规律。

单击【曲线】面组上的【规律曲线】按钮，或选择【菜单】|【插入】|【曲线】|【规律曲线】命令，系统弹出如图 4-25 所示的【规律曲线】对话框。

X、Y、Z 三个分量可选的规律类型的选项是相同的，三个分量不同规律类型的组合可以得到不同的规律曲线，各分量包含的规律类型见表 4-3。

图 4-25 【规律曲线】对话框

4.1.11 文本

使用【文本】命令可根据本地 Windows 字体库中的 TrueType 字体生成 NX 曲线。无论何时需要文本，都可以将此功能作为部件模型中的一个设计元素使用。

单击【曲线】面组上的【文本】按钮A，或选择【菜单】|【插入】|【曲线】|【文本】命令，系统弹出如图 4-26 所示的【文本】对话框。

(1)【类型】下拉列表用于指定文本类型 有三个选项。
- 平面副：用于在平面上创建文本。
- 曲线上：用于沿相连曲线串创建文本。每个文本字符后面都跟有曲线串的曲率，可以指定所需的字符方向。如果曲线是直线，则必须指定字符方向。
- 面上：用于在一个或多个相连面上创建文本。

图 4-26 【文本】对话框

(2)【文本放置曲线】选项组　仅针对【曲线上】类型的文本显示。
- 选择曲线：用于选择文本要跟随的曲线。
- 文本属性：用于输入没有换行符的单行文本。

(3)【文本放置面】选项组　仅针对【面上】类型的文本显示。
- 选择面：用于选择相连面以放置文本。

(4)【竖直方向】选项组　仅针对【曲线上】类型的文本显示。
- 定位方法：用于指定文本的竖直定位方法，包括【自然】和【矢量】两种类型。【自然】指文本方位是自然方位；【矢量】指文本方位沿指定矢量。
- 指定矢量：仅可用于【矢量】类型的定位方法。为【矢量】类型的竖直定位方法指定矢量，包括【自动判断的矢量】和【矢量构造器】两种方法。
- 反向：仅可用于【矢量】类型的定位方法，使选定的矢量方向反向。

(5)【面上的位置】选项组　仅针对【面上】类型的文本显示。
- 放置方法：用于指定文本的放置方法，包括【面上的曲线】和【剖切平面】两种方法。【面上的曲线】是指文本以曲线形式放置在选定面上。【剖切平面】是指通过定义剖切平面并生成相交曲线，在面上沿相交曲线对齐文本。
- 选择曲线：仅可用于【面上的曲线】类型的放置方法。用于为【面上的曲线】类型的放置方法选择曲线。
- 指定平面：用于为【剖切平面】类型的放置方法指定平面，包括【自动判断】和【平面对话框】两种方法。

(6)【文本属性】选项组
- 文本：用于输入没有换行符的单行文本。需要将双引号作为文本输入，按住〈Shift〉键并按波浪号〈~〉键和双引号〈"〉键。
- 选择表达式：在选中【参考文本】复选框时可用。单击【选择表达式】按钮时，显示【关系】对话框，可在其中选择现有表达式以同文本字符串相关联，或是为文本字符串定义表达式。
- 参考文本：选中该复选框时，生成的任何文本都创建为文本字符串表达式。【选择表达式】选项也变得可用。
- 线型：用于选择本地 Windows 字体库中可用的 TrueType 字体。字体示例不显示，但如果选择另一种字体，则预览将反映字体更改。
- 脚本：用于选择文本字符串的字母表（如 Western、Hebrew、Cyrillic）。
- 字型：用于选择字型，有【正常】、【加粗】、【倾斜】、【加粗倾斜】四种类型。
- 使用字距调整：选中此复选框可增加或减少字符间距。字距调整减少相邻字符之间的间距时，只有所用字体具有内置的字距调整数据时才可用，并非所有字体都具有字距调整数据。

(7)【文本框】选项组
- 锚点位置：仅可用于平面文本类型，指定文本的锚点位置，包括【左上】、【中上】、【右上】、【左中】、【中心】、【右中】、【左下】、【中下】、【右下】九种选项。

(8)【尺寸】子选项组
- 长度：将文本轮廓框的长度值设置为用户指定值。

- 宽度：将文本轮廓框的宽度值设置为用户指定值。
- 高度：将文本轮廓框的高度值设置为用户指定值。
- W比例：将用户指定的宽度与给定字体高度的自然字体宽度之比设置为用户指定的值。

(9)【设置】选项组 创建关联的文本特征。

4.1.12 艺术样条

单击【曲线】面组上的【艺术样条】按钮，或选择【菜单】|【插入】|【曲线】|【艺术样条】命令，系统弹出如图4-27所示的【艺术样条】对话框。

图4-27 【艺术样条】对话框

(1) 类型 有以下两种类型。
- 根据极点：通过延伸曲线使其穿过定义点来创建样条。
- 通过点：通过构造和操控样条极点来创建样条。

(2) 参数化选项组
- 匹配的结点位置：此方式只能产生一个节段的样条曲线。
- 次数：用户设置的控制点数必须至少为曲线次数加1，否则无法创建样条曲线。
- 封闭：用于设定随后生成的样条曲线是否封闭。选中此复选框，所创建的样条曲线起点和终点会在同一位置，生成一条封闭的样条曲线，否则生成一条开放的样条曲线。

(3) 制图平面选项组 指定要在其中创建和约束样条的平面。
- 约束到平面：将制图平面约束到坐标系的 X-Y 平面。未选中此复选框，将制图平面约束到一个可用的其他平面。

(4) 移动选项组 在指定的方向上或沿指定的平面移动样条点和极点。
- WCS：在工作坐标系的指定 X、Y 或 Z 方向上或沿WCS的一个主平面移动点或极点。
- 视图：相对于视图平面移动极点或点。
- 矢量：用于定义所选极点或多段线的移动方向。
- 平面：选择一个基准平面、基准坐标系，或使用指定平面来定义一个平面，以在其上移动选定的极点或曲线。

● 法向：沿曲线的法向移动点或极点。

4.2 编辑曲线

在完成曲线绘制后，对于曲线或曲线组之间不尽人意的地方，可以通过编辑曲线参数、修剪曲线、分割曲线以及拉长曲线等编辑手段来调整曲线。

常用到的命令有编辑曲线参数、修剪曲线、分割曲线、曲线长度和光顺样条。有关曲线编辑的命令大都集中在【编辑曲线】面组上，如图 4-28 所示；或者在【菜单】|【编辑】|【曲线】子菜单中，如图 4-29 所示。

图 4-28 【编辑曲线】面组

图 4-29 【编辑曲线】子菜单

【编辑曲线】工具条中各命令的功用及说明见表 4-4。

表 4-4 【编辑曲线】工具条命令及功能说明

图标	名称	功能解释
	编辑曲线参数	该选项可编辑大多数类型的曲线。单击该按钮，选择一条需要编辑参数的曲线，则此类曲线自动进入编辑模式。编辑不同类型的曲线，对话框也会有所不同
	修剪曲线	该选项根据边界实体和选中进行修剪的曲线的分段来调整曲线的端点。可以修剪或延伸直线、圆弧、二次曲线或样条。可以修剪到（或延伸到）曲线、边界、平面、曲面、点或光标位置。可以指定修剪后的曲线和它的输入参数相关联。当修剪曲线时，可以使用体、面、点、曲线、边、基准平面和基准轴作为边界对象。不能修剪体、片体或实体。单击该按钮，系统弹出【修剪曲线】对话框
	修剪拐角	该选项把两条曲线修剪到它们的交点，从而形成一个拐角，生成的拐角依附于选择的对象。适用于所有的编辑选项，选中曲线的部分，朝着它们的交点方向修剪。当选择曲线做拐角修剪时，定位选择球，使它包含两条曲线

(续)

图标	名称	功能解释
	分割曲线	该选项把曲线分割成一组同样的节段（即，直线到直线，圆弧到圆弧）。每个生成的节段是单独的实体并赋予和原先的曲线相同的线型，新的对象和原先的曲线放在同一层上
	编辑圆角	该选项用于编辑已有的圆角。此选项类似于两个对象圆角的生成方法。在编辑圆角时，有三种可能的修剪方法：【自动修剪】、【手工修剪】和【不修剪】。这些方法和生成圆角时所用的是相同的。必须按逆时针方向选择要编辑的对象。以保证新的圆角以正确的方向画出
	曲线长度	可以使用【编辑弧长】选项通过给定的圆弧增量或总弧长修剪曲线。弧长不适用于草图曲线，当草图被激活时使用此项，这样就可以仍编辑非草图曲线而不必激活草图
	光顺样条	该选项用于通过最小化曲率大小或曲率变化来移除样条中的一些缺陷
	模板成形	使用【模板成形】命令可以从样条的当前形状变换样条，以便与模板样条的形状特性相匹配，同时保留原始样条的起点与终点

4.2.1 编辑曲线参数

编辑曲线参数主要通过重新定义曲线的参数来改变曲线的形状，包括对直线、圆/圆弧和样条曲线三种曲线类型的编辑。编辑曲线参数有两种方法，介绍如下。

1．方法1

单击【编辑曲线】面组上的【参数（原有）】按钮，或选择【菜单】|【编辑】|【曲线】|【参数（原有的）】命令，系统弹出如图 4-30 所示的【编辑曲线参数（原）】对话框。

（1）编辑直线参数　如果选取的编辑对象是直线，则可编辑的参数包括直线的端点位置、直线的长度和角度等。在【编辑曲线参数（原）】对话框中，选择【参数】单选项，并选取要编辑的直线，然后在【跟踪条】中的文本框中重新设置参数。

（2）编辑圆弧和圆　如果选取的编辑对象是圆或圆弧，可通过四种方式进行编辑。

1）移动圆弧和圆。移动圆弧和圆是通过改变圆心相对于坐标系原点位置来实现的。选取圆弧或圆的圆心，在【跟踪条】中的文本框中设置新的坐标即可。此外，还可以通过鼠标直接拖动圆心在绘图区移动。

2）互补圆弧。选取圆弧，单击【编辑曲线参数（原）】对话框中的【补弧】按钮，可以绘制该圆弧的补圆弧，原来的圆弧被删除。

3）参数编辑。该方式可以编辑圆弧（或圆）的半径（或直径）和旋转角度的参数。在【编辑曲线参数（原）】对话框中，选择【参数】单选项，并选取需要编辑的圆弧或圆，然后在【跟踪条】中的文本框中重新定义参数即可。

4）拖动。若选取的是圆弧的端点，则可以利用拖动功能或辅助对话框来定义新的端点的位置；若选取的是圆弧本身，则可以改变圆弧的半径及旋转角度。

（3）编辑样条参数　如果选取的编辑对象是样条曲线，则可以修改样条曲线的阶数、性状、斜率、曲率和控制点等参数。选择样条曲线后，系统弹出如图 4-31 所示的【编辑样条】对话框。该对话框提供了九

图 4-30　【编辑曲线参数（原）】对话框

图 4-31　【编辑样条】对话框

种样条编辑方式，具体解释见表 4-5。

表 4-5　样条编辑方式

编辑方式	说　　明
编辑点	该选项通过移动、增加或样条曲线的定义点，来改变样条曲线的形状
编辑极点	该选项用来编辑样条曲线的极点
更改斜率	该选项用来改变定义点的斜率
更改曲率	该选项用来改变定义点的曲率
更改次数	该选项用来改变样条曲线的阶数
移动多个点	该选项通过移动样条曲线的一个节段，以改变样条曲线的形状
更改刚度	该选项在保持原样条曲线控制点数不变的前提下，通过改变曲线的阶数来修改样条曲线的形状
适合窗口	该选项通过修改样条曲线定义所需的参数，从而改变曲线的形状
光顺	该选项将样条曲线变得较为光滑

2．方法 2

单击【编辑曲线】面组上的【编辑曲线参数】按钮，或选择【菜单】|【编辑】|【曲线】|【参数】命令，系统弹出如图 4-32 所示的【编辑曲线参数】对话框。选取需要编辑的曲线，然后根据曲线性质编辑参数即可。

图 4-32　【编辑曲线参数】对话框

4.2.2　修剪曲线和拐角

修剪曲线是指通过选取的实体边缘（包括曲线、边缘、平面、曲面、点或光标位置）和要修剪的曲线段来调整曲线的形状；而修剪拐角是指把两条曲线裁剪到它们的交点，从而形成一个拐角，生成的拐角依附于选取的对象。

1．修剪曲线

该方式可以通过设定的边界对象调整曲线的端点，从而达到延长或裁剪直线、圆弧、二次曲线和样条曲线的目的。

单击【编辑曲线】面组上的【修剪曲线】按钮，或选择【菜单】|【编辑】|【曲线】|【修剪】命令，系统弹出如图 4-33 所示的【修剪曲线】对话框。修剪曲线可以延长或缩短，取决于边界对象与修剪曲线之间的位置关系，选择修剪曲线时应选择欲修剪的一段，一组边界对象可以对多个曲线进行修剪。修剪曲线的操作步骤如下：

1）选择要修剪的曲线，可以选择一条或多条修剪曲线。要修剪的端点包括两个选项：【开始】和【终点】。

2）选择边界对象 1。

3）如果需要选择边界对象 2，否则选择修剪曲线。

修剪步骤不一定要完全按照上述顺序，可以通过【修剪曲

图 4-33　【修剪曲线】对话框

线】对话框中的一些按钮来确定选择的顺序。在进行修剪操作时，选取修剪曲线的一侧即为剪掉的一侧。同时，如果选择边界的顺序不同，将产生不同的修剪效果。

2．修剪拐角

修剪拐角主要用于两条不平行曲线，包括已相交的或将要相交的两条曲线。

单击【编辑曲线】面组上的【修剪拐角】按钮 ，或选择【菜单】|【编辑】|【曲线】|【修剪拐角】命令，系统弹出如图 4-34 所示的【修剪拐角】对话框并提示选取要修剪的拐角。选取第一条边线，系统弹出如图 4-35 所示的【修剪拐角】对话框，单击【是（Y）】按钮完成修剪拐角操作。

图 4-34 【修剪拐角】对话框（一）　　　图 4-35 【修剪拐角】对话框（二）

4.2.3 分割曲线

分割曲线用于把曲线分割成一组同样的节段，每个生成的节段都是单独的实体，并赋予和原先的曲线相同的线型。单击【编辑曲线】面组上的【分割曲线】按钮，或选择【菜单】|【编辑】|【曲线】|【分割】命令，系统弹出如图 4-36 所示的【分割曲线】对话框。在对话框中的【类型】下拉列表中包含了五种分割方式，介绍如下。

（1）等分段　该方式以等长或等参数的方法将曲线分割成相同的节段。

（2）按边界对象　该方式利用边界对象来分割曲线。

（3）弧长段数　该方式通过分别定义各节段的弧长来分割曲线。

（4）在结点处　该方式只能分割样条曲线，它在曲线的定义点处将曲线分割成多个节段。

（5）在拐角上　该方式在拐角处（即一阶不连续点）分割样条曲线（拐角点是样条曲线节段的结束点方向和下一节段开始点方向不同而产生的点）。

上述五种方式都是利用原曲线的已知点来分割曲线的，操作方式大致相同。

4.2.4 编辑曲线长度

【曲线长度】命令通过指定弧长增量或总弧长方式来改变曲线的长度，它同样具有延伸弧长或裁剪弧长的双重功能。单击【编辑曲线】面组上的【曲线长度】按钮，或选择【菜单】|【编辑】|【曲线】|【长度】命令，系统弹出如图 4-37 所示的【曲线长度】对话框。在该对话框中的【长度】下拉列表中可以选择【总数】方式，通过给定总长来编辑选定曲线的弧长；也可以在【侧】下拉列表中选择【对称】方式来同时延伸或裁剪等量的长度；还可以在【方法】下拉列表中选择【自然】和【圆的】方式改变延伸曲线的形状。

第4章 创建和编辑曲线

图 4-36 【分割曲线】对话框

图 4-37 【曲线长度】对话框

4.3 派生曲线

在很多情况下，曲线创建完后并不能满足用户需求，还需要进一步的处理，如曲线操作。本节将简单介绍一些曲线操作功能，如偏置、桥接、在面上的偏置曲线、在曲面上偏置、投影曲线、组合曲线、相交曲线、连接曲线等。有关派生曲线的命令大都集中在【派生曲线】面组上，如图 4-38 所示；或者【菜单】|【插入】|【派生曲线】子菜单中，如图 4-39 所示。

图 4-38 【派生曲线】面组

4.3.1 偏置曲线

【偏置曲线】命令能够通过对原对象偏置的方法，生成直线、圆弧、二次曲线、样条和边。

偏置曲线是通过垂直于选中基曲线计算的点来构造的。可以选择偏置曲线是否与其输入数据相关联。曲线可以在选中几何体所确定的平面内偏置，也可以使用拔模角度和拔模高度选项偏置到一个平行的平面上。只有当多条曲线共面且为连续的线串（即端点相连）时，才能对其进行偏置。偏置后曲线的对象类型与它们的输入曲线相同（除了二次曲线，它偏置为样条）。

单击【派生曲线】面组上的【偏置曲线】按钮，或选择【菜单】|【插入】|【派生曲线】|【偏置曲线】命令，系统弹出如图 4-40 所示的【偏置曲线】对话框，可以进行曲线偏置操作，用于生成原曲线的偏置曲线，图 4-40 所示对话框状态下需要用户选取偏置曲线。

图 4-39 【派生曲线】子菜单　　　　图 4-40 【偏置曲线】对话框

选定曲线后，所选择的曲线上会出现一箭头，该箭头方向为偏置的方向，如果向相反的方向偏置，可单击对话框中的【反向】按钮，设置完各选项后单击【确定】或【应用】按钮。

【偏置曲线】对话框中各选项主要功能设置说明如下。

1. 偏置类型

该选项组用于设置曲线的偏置类型。系统提供了四种偏置类型。

（1）距离　该类型是按给定的偏置距离来偏置曲线。选择该方式后，对话框中的【距离】文本框被激活，在【距离】和【副本数】文本框中分别输入偏置距离和产生偏置曲线的数量。

（2）拔模　该类型是将曲线按指定的拔模角度偏置到与曲线所在平面相距一定拔模高度的平面上。拔模高度为原曲线所在平面和偏置后所在平面间的距离，拔模角度为偏置方向与原曲线所在平面的法线的夹角。选择该方式后，【高度】和【角度】文本框被激活，在【高度】和【角度】文本框中分别输入拔模高度和拔模角度。

（3）规律控制　该类型是按某种规律控制偏置距离来偏置曲线，即用规律子功能定义的距离偏置曲线。

（4）3D 轴向　该类型通过使用标准矢量功能选择一轴矢量规定的方向，用 3D Offset Value 偏置 3D 曲线。

2. 修剪方式

【修剪】下拉列表用于设置偏置曲线的修剪方式。其中提供了如下三种修剪方式：

（1）无　即不修剪。选择该方式则偏置后曲线既不延长相交也不彼此修剪或倒圆角，如图 4-41a 所示。

第4章 创建和编辑曲线

图 4-41 延伸方式

a) 无 b) 相切延伸 c) 圆角

（2）相切延伸 选择该方式则偏置曲线将延长相交或彼此修剪，如图 4-41b 所示。

（3）圆角 选择该方式后，若偏置曲线的各组成曲线彼此不相连接，则系统以偏置距离为半径值的圆弧，将各组成曲线彼此相邻者的端点两两相连；若偏置曲线的各组成曲线彼此相交，则系统在其交点处修剪多余部分，如图 4-41c 所示。

4.3.2 在面上偏置曲线

【在面上偏置曲线】命令可以在表面上由一存在曲线按指定距离生成一条沿面偏置的曲线。

单击【派生曲线】面组上的【在面上偏置曲线】按钮，或选择【菜单】|【插入】|【派生曲线】|【在面上偏置】命令，系统弹出如图 4-42 所示的【在面上偏置曲线】对话框。首先选择欲生成偏置曲线的表面，再选择原曲线，则在所选表面上会出现一临时箭头，以指示偏置操作的正方向，同时弹出【距离】对话框，输入偏置距离值后单击【确定】或【应用】按钮，系统会在所选表面上生成一条原曲线的偏置曲线。图 4-43 所示是沿面偏置的图例。

图 4-42 【在面上偏置曲线】对话框

图 4-43 在面上的偏置曲线

4.3.3 桥接曲线

单击【派生曲线】面组上的【桥接曲线】按钮，或选择【菜单】|【插入】|【派生曲线】|【桥接】命令，系统弹出如图 4-44 所示的【桥接曲线】对话框，用于融合或桥接两条

不同位置的曲线。首先选择第一条曲线，再选择第二条曲线，设置有关选项，最后单击【确定】或【应用】按钮。

图 4-44 【桥接曲线】对话框

对话框用来设定桥接过程中桥接曲线形式的功能选项，说明如下。

1．连续性

本选项用于设置桥接曲线和欲桥接的第一条曲线、第二条曲线的连接点间的连续方式，它包含四种方式，主要采用以下两种方式。

（1）G1（相切）　选择该方式，生成的桥接曲线与第一条曲线、第二条曲线在连接点处切线连续，且为三阶样条曲线。

（2）G2（曲率）　选择该方式，生成的桥接曲线与第一条曲线、第二条曲线在连接点处曲率连续，且为五阶或七阶样条曲线。

2．起/止点位置

该功能用于设定桥接曲线的起、止点位置。首先应选择起、止点所在的曲线，即要桥接的第一条曲线或第二条曲线。

3．【形状控制】选项组

该选项组用于设定桥接曲线的形状控制方式。桥接曲线的形状控制方式有三种，选择不同的方式，选项组中的参数设置选项也有所不同。

（1）相切幅值　该方式允许通过改变桥接曲线与第一条曲线或第二条曲线连接点的相切幅值，来控制桥接曲线的形状。相切幅值的改变是通过分别拖拽【开始】和【结束】滑尺，或直接在【开始】和【结束】文本框中输入相切幅值来实现的。

（2）深度和歪斜值　当选择该形状控制方式时，允许通过改变桥接曲线的深度和歪斜值来控制桥接曲线的形状。

深度和歪斜值影响桥接曲线形状的曲率，其值可通过拖拽【深度】和【歪斜】滑尺或直接在【深度】和【歪斜】文本框中输入百分比来实现。

（3）模板曲线　选择已存在的曲线，以该曲线为参考控制桥接曲线的形状。

4.3.4 连结曲线

单击【派生曲线】面组上的【连结曲线】按钮，或选择【菜单】|【插入】|【派生曲线】|【连结】命令，系统弹出如图 4-45 所示的【连结曲线】对话框。此时系统进入曲线连接操作功能，可以将所选的多条曲线连接成一条 B 样条曲线。进行连接操作时，首先选取要进行连接的曲线组，设置好相关参数后，单击【确定】或【应用】按钮，即可完成曲线的连接操作。

图 4-45 【连结曲线】对话框

4.3.5 投影曲线

【投影曲线】命令可以将曲线或点沿某一方向投影到现有曲面、平面或参考平面上。但是如果投影曲线与面上的孔或面上的边缘相交，则投影曲线会被面上的孔和边缘所修剪。投射方向可以设置成某一角度、某一矢量方向、向某一点方向或沿面的法向。

单击【派生曲线】面组上的【投影曲线】按钮，或选择【菜单】|【插入】|【派生曲线】|【投影】命令，系统弹出如图 4-46 所示的【投影曲线】对话框。选择要投影的曲线，再选择投影面，选定后，在【方向】下拉列表中选择投射方向，再在【设置】选项组中的【输入曲线】下拉列表中选择投射曲线的复制方式，单击【确定】或【应用】按钮。对话框中【方向】下拉列表用于设置投射方向的方式，其中提供了五种方式，说明如下。

图 4-46 【投影曲线】对话框

（1）沿面的法向　该方式是沿所选投影面的法向向投影面投影曲线，图 4-47 所示为这种方式的示例。

（2）朝向点　该方式用于从原定义曲线朝着一个点向选取的投影面投影曲线，图 4-48 所示为这种方式的示例。

图 4-47 沿面的法向投影　　　　　　　　图 4-48 朝向点投影

(3) 朝向直线　该方式用于沿垂直于选定直线或参考轴的方向向选取的投影面投影曲线，图 4-49 所示为这种方式的示例。

图 4-49 朝向直线投影

(4) 沿矢量　该方式用于沿设定矢量方向向选取的投影面投影曲线。选择该方式后，系统会提示选择矢量方向，如果单击【矢量对话框】按钮，系统弹出【矢量】对话框，让用户设置一个投影矢量方向。选择此选项时，其下方的【反向】选项被激活。

(5) 与矢量成角度　该方式用于沿与设定矢量方向成一定角度的方向向选取的投影面投影曲线。选择该方式后，系统会提示选择矢量方向，如果单击【矢量对话框】按钮，系统弹出【矢量】对话框，让用户设定一个投影矢量方向。这时对话框中的【与矢量成角度】文本框被激活，用户可以输入投影角度值。角度值的正负是以选定曲线的几何形心为参考点来设定的。曲线投影后，投影曲线向参考点方向收缩，则角度为负值；反之，角度为正值。图 4-50 所示为这种方式的示例。

图 4-50 沿矢量投影

4.3.6 组合投影曲线

【组合投影】命令用于将两选定的曲线沿各自的投射方向投影生成一条新曲线，需要注意的是所选两条曲线的投影必须是相交的。

单击【派生曲线】面组上的【组合投影】按钮，或选择【菜单】|【插入】|【派生曲线】|【组合投影】命令，系统弹出如图 4-51 所示的【组合投影】对话框。在对话框状态下，先选择第一条曲线，然后选择第二条曲线，再选择第一条曲线和第二条曲线的投射方向，最后只要单击【确定】或【应用】按钮即可完成组合投影。

4.3.7 镜像曲线

使用【镜像曲线】工具命令，可以根据用户选定的平面对曲线进行镜像操作。可镜像的曲线包括任何封闭或非封闭的曲线，选定的平面可以是基准平面、平的曲面或实体的表面等类型。单击【派生曲线】面组上的【镜像曲线】按钮，或选择【菜单】|【插入】|【派生曲线】|【镜像曲线】命令，系统弹出如图 4-52 所示的【镜像曲线】对话框。选取需要镜像的曲线，然后选取镜像平面，最后单击【确定】或【应用】按钮即可。

图 4-51 【组合投影】对话框　　　图 4-52 【镜像曲线】对话框

此外，系统提供了三种镜像复制方式：【关联】方式是指镜像之后曲线与原曲线完全相关，原曲线改变，镜像曲线也相应改变；【复制】方式是指镜像之后的曲线是原曲线的完全复制，原曲线改变，镜像曲线不会变化；【移动】方式是指将原曲线移动到对称的位置。

4.3.8 缠绕／展开曲线

缠绕曲线是指将曲线从平面缠绕至圆锥或圆柱面上，而展开曲线是指将圆锥或圆柱面上的曲线展开至平面上，因此缠绕或展开操作是两种互为反方向操作。缠绕/展开曲线操作主要应用于建筑或工程行业的升举设备。单击【派生曲线】面组上的【缠绕/展开曲线】按钮

，或选择【菜单】|【插入】|【派生曲线】|【缠绕/展开】命令，系统弹出如图 4-53 所示的【缠绕/展开曲线】对话框。要进行缠绕操作，在对话框中的【切割线角度】文本框中设置起始角度，并按照顺序，依次选取缠绕面、缠绕平面和缠绕曲线，最后单击【确定】或【应用】按钮即可。

提示：选取缠绕平面时，缠绕平面必须与被缠绕表面即缠绕面相切，否则，系统不进行缠绕操作。

展开曲线的操作与缠绕曲线的操作类似，在对话框中设置角度参数，并选择【展开】单选项，然后按照上述顺序操作即可。

4.3.9 相交曲线

【相交曲线】命令用于创建两个对象集相交的曲线，各组对象可分别为一个表面（若为多个表面则必须属于同一实体）、一个参考面、一个片体或一个实体等。单击【派生曲线】面组上的【相交曲线】按钮，或选择【菜单】|【插入】|【派生曲线】|【相交】命令，系统弹出如图 4-54 所示的【相交曲线】对话框。

图 4-53 【缠绕/展开曲线】对话框

图 4-54 【相交曲线】对话框

选择第一组对象后，再选择第二组对象，选定并设定好对话框中其他选项后，单击【确定】或【应用】按钮，即可生成两组对象的交线。

4.3.10 截面曲线

【截面曲线】命令用来将设定的平面与选定的曲线、平面、表面或者实体等对象相交，生成相交的几何对象。一个表面与曲线相交可以创建点；一个平面与一表面、平面或者实体相交会建立一截面曲线。单击【派生曲线】面组上的【截面曲线】按钮，或选择【菜单】|【插入】|【派生曲线】|【截面】命令，系统弹出如图 4-55 所示的【截面曲线】对话框。在对话框状态下，选择要做轮廓线的实体或者平面等，然后再选择截面。选定以后单击【确定】或【应用】按钮，就可以完成截面操作。如图 4-56 和图 4-57 所示为截面操作示意图。

在对话框的截面设置方式下拉列表中共有四种设置方式供选择，分别说明如下。

（1）选定的平面 该方式让用户在绘图工作区中，用鼠标直接单击选择某平面作为截面。

（2）平行平面 该方式用于设置一组等间距的平行平面作为截面。选定该方式后，如图 4-55 所示的对话框中的待显示区会出现如图 4-58 所示的【平面位置】选项组。这时只要在【起点】、【终点】和【步进】文本框中输入与参考平面平行的一组平面的间距、起始距离和终止距离（与参考平面之间的距离），并选定参考平面后即可完成操作。

图 4-55 【截面曲线】对话框

图 4-56 截面和轮廓

图 4-57 截面曲线的曲线

图 4-58 【平面位置】选项组

（3）径向平面 该方式用于设定一组等角度扇形展开的放射平面作为截面。

（4）垂直于曲线的平面 该方式用于设定一个或一组与选定曲线垂直的平面作为截面。

4.3.11 抽取曲线

【抽取曲线】命令用于通过一个或多个选择对象的边缘和表面生成曲线（直线、弧、二次曲线和样条曲线等），抽取的曲线与原对象无相关性。单击【派生曲线】面组上的【抽取曲线】按钮，或选择【菜单】|【插入】|【派生曲线】|【曲线】命令，系统弹出如图 4-59

所示的【抽取曲线】对话框。在【抽取曲线】对话框中提供了五种抽取曲线类型。从中选取欲抽取的曲线类型后，再选择欲从中抽取曲线的对象即可完成操作。下面分别介绍这五种抽取曲线类型的用法。

（1）边曲线　该选项用于指定由表面或实体的边缘抽取曲线。图 4-60 所示是该方式的示例。

图 4-59　【抽取曲线】对话框　　　　　　　　图 4-60　抽取边缘

（2）轮廓曲线　该选项用于从视图中抽取轮廓不可见的曲线。

（3）完全在工作视图中的　该选项用于对视图中的所有边缘抽取曲线，此时产生的曲线将与工作视图的设置有关。

（4）阴影轮廓　该选项用于对选定对象的可见轮廓线产生抽取曲线。

（5）精确轮廓　使用该选项可产生精确效果的 3D 曲线算法，在工作视图中创建显示体轮廓的曲线。

4.4　曲线应用实例

采用曲线功能绘制如图 4-61 所示的图形，本例主要讲解曲线绘制过程。

图 4-61　实例曲线

（1）新建文件　单击【快速访问】工具条中的【新建】按钮，系统弹出【新建】对话框。输入文件名称，设置文件位置，单击【确定】按钮。

（2）确定视图方向　在【视图组】工具条中单击如图 4-62 所示的图标，在打开的图标功能中单击【俯视图】按钮，绘图区中的坐标如图 4-63 所示。

图 4-62 【视图组】工具条　　　　图 4-63 俯视图

（3）绘制圆　选择【菜单】|【插入】|【曲线】|【直线和圆弧】|【圆（圆心-半径）】命令，系统弹出如图 4-64 所示的【圆心坐标】文本框。分别在【XC】、【YC】和【ZC】文本框中输入"0、0、0"，按〈Enter〉键，系统过渡到如图 4-65 所示的【半径】文本框。在【半径】文本框中输入"6"，按〈Enter〉键，绘制出如图 4-66 所示的圆。

采用相同的方法绘制圆 2、圆 3、圆 4、圆 5 和圆 6，其中圆 2 的圆心坐标为 0、0、0，半径为 16；圆 3 的圆心坐标为 0、0、0，半径为 34；圆 4 的圆心坐标为 0、0、0，半径为 54；圆 5 的圆心坐标为-44、0、0，半径为 10；圆 6 的圆心坐标为-44、0、0，半径为 36；结果如图 4-67 所示。

图 4-64 【圆心坐标】文本框　　　　图 4-65 【半径】文本框

 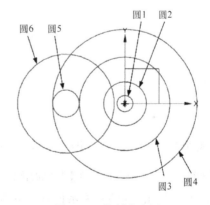

图 4-66 圆 1　　　　图 4-67 绘制多个圆

(4)绘制相切直线 选择【菜单】|【插入】|【曲线】|【直线和圆弧】|【直线(相切-相切)】命令,系统弹出如图 4-68 所示的【直线(相切-相切)】对话框。依次选择圆 2 和圆 6,即可绘制一条相切直线,采用相同的方法绘制另一条相切直线,结果如图 4-69 所示。

图 4-68 【直线(相切-相切)】对话框　　　图 4-69 绘制相切直线

(5)修剪曲线 单击【曲线】选项卡中【编辑曲线】面组上的【修剪曲线】按钮,系统弹出如图 4-70 所示的【修剪曲线】对话框。【要修剪的曲线】选择圆 2 和圆 6,【边界对象】选择两条相切的直线,【选择区域】选择【放弃】选项,单击【应用】按钮,结果如图 4-71 所示。

【要修剪的曲线】选择圆 5(选择时,鼠标单击圆的下方),【边界对象】选择圆 3 和圆 4,【选择区域】选择【放弃】选项,单击【应用】按钮。采用相同的方法修剪其他圆,结果如图 4-72 所示。

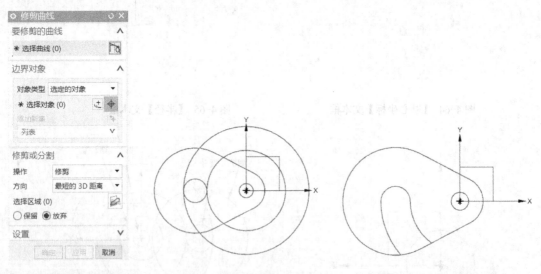

图 4-70 【修剪曲线】对话框　　图 4-71 修剪后的图形　　图 4-72 修剪后的图形

(6)修剪拐角 选择【菜单】|【编辑】|【曲线】|【修剪拐角】命令,系统弹出【修剪拐角】对话框。在如图 4-73 所示位置上单击鼠标左键,选择修剪拐角位置;采用相同的方法修剪另一处的拐角,结果如图 4-74 所示。

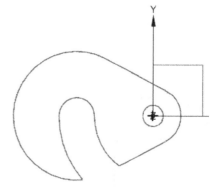

图 4-73 修剪拐角位置　　　　　　　图 4-74 修剪后的图形

（7）倒圆　单击【曲线】选项卡中【曲线】面组上的【基本曲线】按钮，系统弹出【基本曲线】对话框。单击【圆角】按钮，系统弹出如图 4-75 所示的【曲线倒圆】对话框。单击【2 曲线圆角】按钮，【半径】文本框中输入"6"，依次选择如图 4-76 所示的第一个对象和第二个对象，并在如图 4-76 所示的光标位置单击鼠标左键；采用相同的方法作另一个倒圆，结果如图 4-77 所示。

图 4-75 【曲线倒圆】对话框　　　图 4-76 选择倒圆对象　　　　　图 4-77 倒圆后的图形

4.5 思考与练习题

1. 简述绘制各种基本曲线的操作方法。
2. 可以使用什么命令来派生曲线？
3. 【直线】命令与【直线和圆弧工具条】的区别是什么？
4. 如何创建艺术样条？
5. 简述创建文本曲线的一般方法和步骤，可以举例说明。
6. 用于曲线特征编辑的工具命令包括哪些？
7. 如何在空间建立直线特征？
8. 应用曲线功能，绘制如图 4-78～图 4-81 所示的二维截面图。

图 4-78 练习题 1

图 4-79 练习题 2

4-4 练习题 1

4-5 练习题 2

图 4-80 练习题 3

图 4-81 练习题 4

第5章 零件设计

现代设计与制造技术发展至今,该领域的技术人员与专家一直在致力于探索更好的设计方法来缩短产品设计与制造的周期,提高生产效率。计算机诞生后,人们开始利用计算机来进行产品的辅助设计。计算机辅助设计技术的发展经过了多个发展阶段,从最初的二维设计技术发展到功能强大的三维技术,而三维设计技术在设计方法上发生了革命性的变化。

二维设计技术还不能算是一种辅助设计技术,只能说是一种辅助绘图技术,将工程设计人员从繁重的手工绘图工作中解放出来,并且大大提高了绘图质量。但对于复杂形体投影的生成,设计模型修改和图样的更新、构件与产品的质量分析、机构的运动分析、产品的受力与受热分析等工作,二维设计技术是无法做到的,更谈不上从设计到制造的无图纸化生产过程全部利用计算机辅助技术来完成。

最初的三维设计技术是利用线框表示的曲面设计系统来设计产品的三维模型。这种系统只能表达零件的基本几何信息,如点、线、面的数据,不能表达零件几何形状之间的拓扑关系,也没有三维形体方面的信息,几何数据的修改比较困难,几何数据之间缺乏相关性,也不能描述质量方面的特性。近几十年来,三维设计技术得到了飞速的发展,从实体造型技术,到特征造型技术,到参数化技术,到变量化技术,到 NX 的复合建模技术和直接建模技术,使以计算机辅助设计、辅助分析、辅助制造为主的一体化集成辅助设计系统得到了广泛的应用。

5.1 建模的方法与步骤

5.1.1 三维建模基础

一般来说,基本的三维模型是具有长、宽(或直径、半径等)、高的三维几何体。如图 5-1 所示简单的三维模型,它是由三维空间的几个面拼成的实体模型,这些面形成的基础是线,线形成的基础是点,要注意三维几何图形中的点是三维概念点,也就是说,点需要由三维坐标中的 x、y、z 三个坐标来定义。

5.1.2 参数化建模

在产品设计初期,由于边界条件的不确定性和人们对产品本身了解的模糊性,很难使设计的产品一次性满足所有设计条件,这就需要不断修改产品的形状和尺寸,以逐渐满足各种条件。因此,任何新产品的设计过程都是一个不断修改、不断满足约束的反复过程。

设计过程的上述特点,要求产品结构的表达方式应具有易

图 5-1 三维模型

于修改的特性。在传统 CAD 中，平面图形或三维模型中各几何元素的关系相对固定，不能根据设计意图施加必要的约束。由于没有足够的约束，当尺寸变化时容易引起形状失真。因此，修改模型需要使用大量的编辑、删除命令。这种"定量"的表达方法具有很低的图形编辑效率。

所谓参数化设计，就是允许设计之初进行草图设计，再根据设计要求逐渐在草图上施加几何和尺寸约束，并根据约束变化驱动模型变化。因此参数化设计是一种"基于约束"的、并能用尺寸驱动模型变化的设计。

5.1.3 特征建模

特征建模技术是当今三维 CAD 的主流技术，利用特征建立模型既具有工程意义，又便于后期的调整。关于特征技术有很多提法，掌握特征技术的基本概念有助于更好地把握CAD 软件的内在特点。

特征（Feature）来源于制造工程应用，CAD 模型是企业产品开发生产的基本数据依据，要在产品全生命周期实现信息共享，CAD 模型必须具备广泛的工程语义信息，这就是特征技术的根本渊源。

早期的 CAD 系统中采用基本体素的布尔运算以及倒圆等编辑方式形成零件外形的设计方法过于抽象，其模型无法映射到下游的工程实现中，即设计与制造之间缺乏对应性，这必然为信息共享带来困难。

特征建模技术针对这种情况应运而生，它采用具有工程意义的拉伸、制孔、倒圆、倒角等作为建模的基础操作元，在设计与制造之间建立一种共同的信息规范和交流的桥梁。

特征建模是面向整个设计、制造过程的，不仅支持 CAD 系统、CAPP 系统、CAM 系统，还要支持绘制工程图、有限元分析、数控编程、仿真模拟等多个环节。因此，必须能够完整地、全面地描述零件生产过程的各个环节的信息以及这些信息之间的关系。除了实体建模中已有的几何、拓扑信息之外，还要包含特征信息、精度信息、材料信息、技术要求和其他有关信息。除静态信息之外，还应支持设计、制造过程中的动态信息，如有限元的前、后置处理，零件加工过程中工序图的生成，工序尺寸的计算等。

因此，特征建模是一种以实体建模为基础，包括上述信息的产品建模方案，通常由形状特征模型、精度特征模型、材料特征模型组成，而形状特征模型是特征建模的核心和基础。

5.1.4 用 NX 12.0 建模的过程

1. 用 NX 12.0 完成产品生产的全过程

1）用草图（Sketch）或曲线（Curve）工具建立模型的二维轮廓。
2）建立三维模型（零件模型和装配模型）。
3）对模型进行有关分析（如结构分析、运动分析）。
4）建立产品模型的渲染图，进行广告宣传。
5）建立相关的平面工程图。
6）建立相关的刀具路径。
7）如果产品设计有问题或者产品需要修改，则可修改并更新模型，图样与刀具路径等自动更新。

8) 保存数据。

9) 将刀轨数据传送到数控机床进行加工,完成产品的生产。

2. 使用 NX 12.0 建模的步骤

1) 启动 NX 12.0。

2) 通过【文件】菜单或工具条中【新建】按钮建立部件文件。

3) 进入建模模块。

4) 通过草图或曲线工具建立模型的二维轮廓。

5) 通过建模工具建立三维模型。

6) 保存文件并退出。

3. 基于特征的建模过程

在 NX 12.0 中,模型是由各种特征通过一定的组合关系和位置关系组合在一起的实体。尽管对模型中各种特征的建立顺序与组合方法没有限制,但为了建立一个好的零件或产品模型,减小模型编辑过程中在更新时出现错误的概率,一般以零件或产品的加工顺序作为建立模型中各特征的顺序,采用的特征一般也尽可能采用与加工形状相一致的特征。

当然,CAD/CAM 系统建模过程不可能与实际加工过程完全一致,所采用的建模特征也与加工时的形状不同。由于模型的最终结果是实体,本章介绍的过程中只包含了直接进行实体建模的一些操作。对于一些比较复杂的模型,不能直接采用实体建模的操作建立时,可采用自由曲面操作逐个建立实体的表面,再缝合成实体或采用其他方法形成实体。

5.2 体素特征及多实体合成

体素特征是一个基本解析形状的实体对象,本质上是可分析的。它可以用来作为实体建模初期形状,即可看作是一块"毛坯",再通过其他的特征操作或布尔运算得到最后的"加工"形状。当然,基本体素特征也可用于建立简单的实体建模。因此,在零件建模时,通常在初期建立一个体素特征作为基本形状,这样可以大大减少实体建模中曲线创建的数量。在创建体素时,必须先确定体素特征的类型、尺寸、空间方向与位置。基本体素特征包括长方体、圆柱体、圆锥体和球体。

5.2.1 长方体

利用【长方体】命令可通过多种方法,直接在绘图区中创建长方体或正方体等一些具有规则形状特征的三维实体。

单击【主页】选项卡【特征】面组中的【长方体】按钮,或选择【菜单】|【插入】|【设计特征】|【长方体】命令,系统弹出如图 5-2 所示的【长方体】对话框。该对话框中提供了三种创建长方体的方法。

图 5-2 【长方体】对话框及实例

1．原点和边长

利用该方法创建长方体时，只需先指定一点作为长方体的原点，然后分别指定长方体的长、宽、高，即可完成该类长方体的创建。

2．两点和高度

该方式是按指定高度和底面两个对角点的方式创建块。按选择步骤可以先指定点 1 和点 2，然后在【高度】文本框中输入方向高度值，使用布尔运算选择目标实体，单击【确定】按钮，即完成块创建工作。其中点 1 是块的定位点，定义块的对角点时两点的连线不能与坐标轴平行。

3．两个对角点

该方式按指定块的两个对角点位置方式创建块。按选择步骤可以指定点 1 和点 2，使用布尔运算选择目标实体，单击【确定】按钮，即完成块创建工作。两角点必须为三维空间对角线角点。

5.2.2 圆柱体

圆柱体可以看作是以长方形的一条边为旋转中心线，并绕其旋转 360°所形成的三维实体。此类实体比较常见，如机械传动中常用的轴类、销类等零件。

单击【主页】选项卡【特征】面组中的【圆柱】按钮，或选择【菜单】|【插入】|【设计特征】|【圆柱】命令，系统弹出如图 5-3 所示的【圆柱】对话框。该对话框中提供了两种创建圆柱体的方法。

1．轴、直径和高度

该方式是按指定直径和高度方式创建圆柱体。需要先指定圆柱体的矢量方向和底面的中点位置，然后在【直径】和【高度】文本框中设置圆柱体的直径和高度。

2．圆弧和高度

图 5-3 【圆柱】对话框及实例

该方式是按指定高度和选择的圆弧创建圆柱体。需要先在绘图区中创建一条圆弧曲线，然后以该圆弧曲线为所创建圆柱体的直径参照曲线，并设置圆柱体的高度后，即可完成创建。

5.2.3 圆锥体

圆锥体是以一条直线为中心轴线，一条与其成一定角度的线段为母线，并绕该轴线旋转 360°形成的实体。在 NX 中，使用【圆锥】工具命令可以创建出圆锥体和圆台体两种三维实体。

单击【主页】选项卡【特征】面组中的【圆锥】按钮，或选择【菜单】|【插入】|【设计特征】|【圆锥】命令，系统弹出如图 5-4 所示的【圆锥】对话框。该对话框中提供了五种

创建圆锥的方法。

1. 直径和高度

该方式是按指定底径、顶径、高度及生成方向创建锥体。在如图 5-4 所示的【圆锥】对话框中，通过【指定矢量】选项指定锥体的轴线方向，【指定点】选项指定锥体底部中心的位置，在对应文本框中分别输入底部直径、顶部直径和高度的值，单击【确定】按钮完成创建锥体的操作。

2. 直径和半角

该方式是按指定的底径、顶径、半角及生成方向创建锥体。当在类型下拉列表中选择【直径和半角】时，【圆锥】对话框如图 5-5 所示。采用相同的方法指定锥体的轴线方向和锥体底部中心的位置，在文本框中输入底部直径、顶部直径和半角值，单击【确定】按钮完成创建锥体的操作。

图 5-4 【圆锥】对话框及实例　　　　　　图 5-5 【圆锥】对话框（一）

3. 底部直径，高度和半角

此方式是按指定底部直径、高度、半角及生成方向创建锥体。当在类型下拉列表中选择【底部直径，高度和半角】时，【圆锥】对话框如图 5-6 所示。采用相同的方法指定锥体的轴线方向和锥体底部中心的位置，在文本框中输入底部直径、高度和半角，其中半角的值可正可负，单击【确定】按钮完成创建锥体的操作。

4. 顶部直径，高度和半角

该方式按指定顶部直径、高度、半角及生成方向创建锥体。当在类型下拉列表中选择【顶部直径，高度和半角】时，【圆锥】对话框如图 5-7 所示。采用相同的方法指定锥体的轴线方向和锥体底部中心的位置，在文本框中输入顶部直径、高度和半角，其中半角的值可正可负，单击【确定】按钮完成创建锥体的操作。

5. 两个共轴的圆弧

该方式按指定两同轴圆弧的方式创建锥体。当在类型下拉列表中选择【两个共轴的圆弧】时，【圆锥】对话框如图 5-8 所示。选择已存在的圆弧，则该圆弧的半径和中心点分别作为锥体的底圆半径和中心,然后再选择另一条圆弧,完成圆弧选择后即完成创建锥体的操作。第二段圆弧必须与前面所选底圆弧同轴线。

图 5-6 【圆锥】对话框(二)　　图 5-7 【圆锥】对话框(三)　　图 5-8 【圆锥】对话框(四)

5.2.4 球

球体是三维空间中,到一个点距离相同的所有点的集合所形成的实体,它广泛应用于机械、家具等结构设计中。

单击【主页】选项卡【特征】面组中的【球】按钮◯,或选择【菜单】|【插入】|【设计特征】|【球】命令,系统弹出如图 5-9 所示的【球】对话框。该对话框中提供了两种创建球的方法。

1. 中心点和直径

该选项按指定直径和中心点位置方式创建球。通过【指定点】选项指定创建球的中心点位置,在【直径】文本框中输入球的直径,单击【确定】按钮完成创建球的操作。

2. 圆弧

该方式是按指定圆弧方式创建球体。当在类型下拉列表中选择【圆弧】时,【球】对话框如图 5-10 所示。选择一条圆弧,则该圆弧的半径和中心点分别作为创建球体的球半径和球心,单击【确定】按钮完成创建球的操作。

图 5-9 【球】对话框及实例　　　　　　　　图 5-10 【球】对话框

5.2.5 多实体合成-布尔运算

布尔运算是对已经存在的两个或多个实体进行合并、减去或相交的一种操作手段，它经常用于合并实体、修剪实体，或者获取实体交叉部分的情况。

布尔运算的一般使用方法为：首先选取目标体，目标体是被执行布尔运算的实体，目标体只有一个；然后，按照系统要求选取工具体，工具体是在目标体上执行操作的实体，工具体可以有多个；最后，应用并显示操作结果。如果目标体和工具体有不同的层、颜色、线型等特性，操作结果具有和目标体相同的特性。

1. 合并

合并操作是将两个或多个实体组合成一个实体，它的使用方法与 AutoCAD 中的【并集】工具命令相似，同时还可以设置是否保留选取的工具体和目标体。

单击【特征】面组中的【合并】按钮，或选择【菜单】|【插入】|【组合】|【合并】命令，系统弹出如图 5-11 所示的【合并】对话框。依次选取目标体和工具体，然后单击【确定】或【应用】按钮。对话框中有【保留目标】和【保留工具】两个复选框，【保留目标】复选框用于完成合并运算后将目标体保留，【保留工具】复选框用于完成合并运算后将工具体保留。

2. 减去

减去是将工具体从目标体中去除的一种操作方式，它适用于实体和片体两种类型，同样也可以设置是否保留选取的目标体和工具体。

单击【特征】面组中的【减去】按钮，或选择【菜单】|【插入】|【组合】|【减去】命令，系统弹出如图 5-12 所示的【减去】对话框。如果想保留原目标体或工具体，可以分别选中【保留目标】和【保留工具】复选框。减去的操作与合并的操作基本一致。

图 5-11 【合并】对话框　　　　图 5-12 【减去】对话框

提示：如果目标体通过减去操作分成单独的基本体，则导致非参数化；如果用实体减去片体，结果形成非参数化的实体；如果用片体减去实体，结果是一片体，求出并且减去片体与实体的重合部分。

3. 相交

相交操作是指使用目标体和所选工具体之间的公共部分，使之成为一个新的实体过程，其公共部分即是进行操作时两个体相交的部分。它与减去操作正好相反，得到的是去除材料的那一部分实体。

单击【特征】面组中的【相交】按钮，或选择【菜单】|【插入】|【组合】|【相交】命令，系统弹出如图 5-13 所示的【相交】对话框。依次选取目标体和工具体进行相交操作。

5.2.6 应用实例

（1）打开文件　选择菜单【文件】|【打开】命令，或者单击【标准】工具条中的【打开】按钮，系统弹出【打开】对话框。选择在本书配套资源根目录下的 5/5_1.prt 文件，单击【OK】按钮，即打开部件文件，然后创建如图 5-14 所示的零件模型。

图 5-13 【相交】对话框

（2）创建长方体　单击【主页】选项卡【特征】面组中的【长方体】按钮，或选择【菜单】|【插入】|【设计特征】|【长方体】命令，系统弹出如图 5-15 所示的【长方体】对话框。在类型下拉列表中选择【原点和边长】，再分别在【长度】、【宽度】、【高度】文本框中输入"35""18""6"，然后单击【点对话框】按钮，系统弹出如图 5-16 所示的【点】对话框。分别在【X】、【Y】、【Z】文本框中输入"-17.5""-9""0"，单击【确定】按钮，系统返回到【长方体】对话框，然后单击【应用】按钮，结果如图 5-17 所示。

图 5-14 零件模型

图 5-15 【长方体】对话框

图 5-16 【点】对话框

图 5-17 创建的长方体

（3）添加长方体 1　创建长方体时，是单击【应用】按钮创建的，这时系统并没有退出【长方体】对话框。分别在【长度】、【宽度】、【高度】文本框中输入"35""25""6"；【布尔】下拉列表中选择【合并】 ，然后单击【点对话框】按钮 ，系统弹出【点】对话框。分别在【X】、【Y】、【Z】文本框中输入"-17.5""-12.5""6",单击【确定】按钮,系统返回到【长方体】对话框,然后单击【应用】按钮,结果如图 5-18 所示。

（4）添加长方体 2　在【长方体】对话框中,分别在【长度】、【宽度】、【高度】文本框中输入"15""25""13";【布尔】下拉列表中选择【合并】 ,然后单击【点对话框】按钮 ,系统弹出【点】对话框。分别在【X】、【Y】、【Z】文本框中输入"2.5""-12.5""12",单击【确定】按钮,系统返回到【长方体】对话框,然后单击【确定】按钮,结果如图 5-19 所示。

图 5-18　添加长方体 1 后的模型　　图 5-19　添加长方体 2 后的模型

（5）添加孔　单击【主页】选项卡【特征】面组中的【圆柱】按钮 ,或选择【菜单】|【插入】|【设计特征】|【圆柱】命令,系统弹出如图 5-20 所示的【圆柱】对话框。在类型下拉列表中选择【轴、直径和高度】,【指定矢量】选项选择【ZC】,在【直径】和【高度】文本框中分别输入"12""12",【布尔】下拉列表中选择【减去】 ,然后单击【点对话框】按钮 ,系统弹出【点】对话框。分别在【X】、【Y】、【Z】文本框中输入"-7.5""0""0",单击【确定】按钮,系统返回到【圆柱】对话框,然后单击【应用】按钮,结果如图 5-21 所示。

图 5-20　【圆柱】对话框　　图 5-21　添加孔后的模型

（6）继续添加孔　此时系统并没有退出【圆柱】对话框,在【圆柱】对话框的【直径】和【高度】文本框中分别输入"12""15",【指定矢量】选项选择【XC】,【布尔】下拉列表中选择【减去】 ,【指定点】选项选择【控制点】 ,然后选择如图 5-22 所示的实体边缘

（选取时，光标在边缘的中间位置，单击鼠标左键），然后单击【确定】按钮，结果如图5-23所示。

图5-22 选取实体的边缘

图5-23 最终的模型

5.3 实体扫掠特征

利用实体扫描特征工具可以将二维图形轮廓线作为截面轮廓，并沿所指定的引导路径曲线移动扫掠，从而得到所需的三维实体。此类工具是将草图特征创建成实体，或利用建模环境中的曲线特征创建实体的主要工具，可分为拉伸、回转、扫掠和管道四种。

5.3.1 拉伸特征

拉伸特征是指将截面轮廓草图通过拉伸生成实体或片体。其草绘截面可以是封闭的也可以是开口的，可以由一个或者多个封闭环组成，封闭环之间不能相交，但封闭环之间可以嵌套，如果存在嵌套的封闭环，在生成添加材料的拉伸特征时，系统自动将里面的封闭环拉伸成孔特征。

单击【主页】选项卡【特征】面组中的【拉伸】按钮，或选择【菜单】|【插入】|【设计特征】|【拉伸】命令，系统弹出如图5-24所示的【拉伸】对话框。

图5-24 【拉伸】对话框

1.【截面线】选项组

【拉伸】对话框中的【截面线】选项组中有【绘制截面】和【曲线】两种方式的拉伸操作。利用前一种方法进行实体拉伸时，需要先绘制出曲线，并且所生成的实体不是参数化的数字模型，在对其进行修改时只能修改拉伸参数，不能修改二维截面。利用后一种方法进行实体拉伸时，系统将进入草图工作界面，根据需要创建草图后切换至拉伸操作，此时即可进行相应的拉伸操作。利用该拉伸方法创建的实体模型是参数化的数字模型，不仅可以修改其拉伸参数，还可以修改二维截面参数。

如果选择的拉伸对象不封闭，拉伸操作将生成片体；如果拉伸对象是封闭曲线，将生成实体。

2.【方向】选项组

对话框中的【方向】选项组用于指定拉伸的方向，默认方向是垂直于选择界面的方向。可以用曲线、边缘或任一标准矢量方法来指定拉伸方向。例如，可以在下拉列表中选择拉伸方向，也可以单击【矢量对话框】按钮，系统弹出【矢量】对话框，然后指定拉伸方向。【反向】按钮用于改变拉伸方向，还可以通过单击鼠标右键，在弹出的快捷菜单中选择【反向】命令来更改方向。

3.【限制】选项组

对话框中的【限制】选项组用于定义拉伸特征的整体构造方法和拉伸范围，【开始】和【结束】选项的下拉列表均提供了以下选项。

（1）值 指定拉伸起始或结束的值。值是数字类型的，在截面上方的值为正，在截面下方的值为负。

（2）对称值 将开始限制距离转换为与结束限制距离相同的值。

图 5-25 拉伸-限制
a) 直至下一个 b) 直至选定 c) 直至延伸部分 d) 贯通

（3）直至下一个 将拉伸特征沿方向路径延伸到下一个体，如图 5-25a 所示。

（4）直至选定 将拉伸特征延伸到选择的面、基准面或体，如图 5-25b 所示。

（5）直至延伸部分 当截面延伸超过所选择面上的边时，将拉伸特征修剪到该面，如图 5-25c 所示。

（6）贯通 沿指定方向的路径，延伸拉伸特征，使其完全贯通所有的可选体，如图 5-25d 所示。

4.【布尔】选项组

选择布尔操作命令，以设置拉伸体与原有实体之间的关系，有【无】、【合并】、【减去】、【相交】和【自动判断】等五种方式。

5.【拔模】选项组

设置拉伸体的拔模角度,其绝对值<90°,【拔模】下拉列表中提供了以下选项。

(1) 无 不创建任何拔模。

(2) 从起始限制 从起始面开始拉伸,向一个方向拔模,起始面尺寸保持不变,如图 5-26a 所示。

图 5-26 拉伸-拔模

a) 从起始限制 b) 从截面 c) 从截面-不对称角 d) 从截面-对称角 e) 从截面匹配的终止处

(3) 从截面 从截面开始向正、反两个方向拔模,拔模方向一致,如图 5-26b 所示。

(4) 从截面-不对称角 从截面开始向正、反两个方向拔模,拔模方向相反,并且截面的两侧采用不同的拔模角度,截面尺寸保存不变,如图 5-26c 所示。仅当从截面的两侧同时拉伸时可用。

(5) 从截面-对称角 从截面开始向正、反两个方向拔模,拔模方向相反,并且截面的两侧采用相同的拔模角度,截面尺寸保存不变,如图 5-26d 所示。仅当从截面的两侧同时拉伸时可用。

(6) 从截面匹配的终止处 从截面开始向正、反两个方向拔模,拔模方向相反,截面尺寸保持不变,所得实体的上、下端面匹配,正向角度由用户定义,反向角度由系统自动计算设定,如图 5-26e 所示。仅当从截面的两侧同时拉伸时可用。

6.【偏置】选项组

该选项组用于设置拉伸对象在垂直于拉伸方向上的延伸。不选择偏置选项时,如果拉伸截面是非封闭曲线,则拉伸所得为曲面;如果拉伸截面为封闭曲线,则拉伸所得为实心实体。选择偏置选项时,无论拉伸截面是非封闭曲线还是封闭曲线,拉伸所得均为具有一定截面厚度的实体。偏置方式有三种:【单侧】、【两侧】和【对称】,如图 5-27 所示。

图 5-27 拉伸-偏置

a) 单侧 b) 两侧 c) 对称

第5章 零件设计

5.3.2 旋转特征

5-6 旋转特征

旋转操作是指将草图截面或曲线等二维对象，绕所指定的旋转轴线旋转一定的角度而形成实体模型的过程。

单击【主页】选项卡【特征】面组中的【旋转】按钮，或选择【菜单】|【插入】|【设计特征】|【旋转】命令，系统弹出如图 5-28 所示的【旋转】对话框。该对话框与【拉伸】对话框非常相似，功能也基本一样；不同之处在于：当利用【旋转】工具命令进行实体操作时，所指定的矢量是该对象的旋转中心，所设置的旋转参数是旋转的开始角和结束角。

图 5-28 【旋转】对话框

5.3.3 沿引导线扫掠特征

沿引导线扫掠特征是指将一个截面图形沿指定的引导线移动，从而创建出三维实体或片体。

单击【主页】选项卡【特征】面组中的【沿引导线扫掠】按钮，或选择【菜单】|【插入】|【扫掠】|【沿引导线扫掠】命令，系统弹出如图 5-29 所示的【沿引导线扫掠】对话框。依次选择截面线和引导线，单击【确定】按钮即可完成沿引导线扫掠操作，实例如图 5-30 所示。

图 5-29 【沿引导线扫掠】对话框　　　图 5-30 沿引导线扫掠实例

注意：引导线多段连接时不能出现锐角，否则，扫掠时有可能会出现错误。

5.3.4 管体特征

管道特征操作是指圆形截面线圈（含内外两个圆）沿引导线扫掠形成实体特征的过程。

圆形截面线圈不是预先绘制好的,而是通过在【管】对话框中输入内外直径参数确定的。截面线圈是以引导线为圆心的同心圆,因此,管道特征类似于沿引导线扫掠特征。

单击【主页】选项卡【特征】面组中的【管】按钮,或选择【菜单】|【插入】|【扫掠】|【管】命令,系统弹出如图 5-31 所示的【管】对话框。先选取路径曲线,再在【外径】和【内径】文本框中输入管道参数,最后单击【确定】按钮即可完成管道特征操作。

注意:管道特征操作中引导线不能有尖角,必须光滑过渡。管道外径必须>0,内径可以为 0。

图 5-31 【管】对话框和实例

5.3.5 应用实例

5-7 实例 1

1. 实例 1

1)选择【文件】|【打开】命令,或者选择【标准】工具条中的【打开】按钮,系统弹出【打开】对话框。选择在本书配套资源根目录下的 5/5_2.prt 文件,单击【OK】按钮,即打开部件文件,创建如图 5-32 所示的零件模型。

图 5-32 实例 1 零件图

2）单击【主页】选项卡【直接草图】面组中的【草图】按钮，系统弹出【创建草图】对话框，在【平面方法】下拉列表中选择【自动判断】选项，然后单击【确定】按钮，系统进入草图环境。

3）单击【直接草图】面组中的【连续自动标注尺寸】按钮，即可取消选择【连续自动标注尺寸】，绘制草图时，不会自动标注尺寸。

4）单击【直接草图】面组中的【矩形】按钮，绘制一个矩形。

5）单击【直接草图】面组中的【圆】按钮，绘制两个圆，结果如图 5-33 所示。

6）单击【直接草图】面组中的【几何约束】按钮，系统弹出如图 5-34 所示的【几何约束】对话框。【约束】选项组中选择【水平对齐】，然后选取如图 5-35 所示的直线中点，单击鼠标中键，【要约束的几何体】选项组选择【选择要约束到的对象】，此时选取坐标原点即可完成水平对齐约束。采用相同的方式约束两个圆的圆心水平对齐。【约束】选项组选择【竖直对齐】，然后选取如图 5-36 所示的直线中点，单击鼠标中键，【要约束的几何体】选项组选择【选择要约束到的对象】，此时选取坐标原点即可完成竖直对齐约束。【约束】选项组选择【等半径】，然后选取一个圆，单击鼠标中键，再选取另一个圆完成约束。

图 5-33　绘制的草图　　　　　　　　　图 5-34　【几何约束】对话框

图 5-35　选取直线的中点（一）　　　　图 5-36　选取直线的中点（二）

7）单击【直接草图】面组中的【快速尺寸】按钮，选取水平直线，在直线上方单击鼠标左键，在弹出的文本框中输入"32"，如图 5-37 所示。采用同样的方式添加其他尺寸约束，结果如图 5-38 所示。

图 5-37　标注直线长度　　　　　　　　　图 5-38　完成尺寸约束

8）单击【直接草图】面组中的【完成草图】按钮，退出草图环境。

9）单击【特征】面组中的【拉伸】按钮，系统弹出如图 5-39 所示的【拉伸】对话框。选取上面绘制的草图，【结束】下的【距离】文本框中输入"5"，其他选项采用默认值，单击【确定】按钮，完成拉伸。

图 5-39　【拉伸】对话框和选取的草图

10）单击【特征】面组中的【拉伸】按钮，系统弹出如图 5-39 所示的【拉伸】对话框。单击【截面线】选项组中的【绘制截面】按钮，系统弹出如图 5-40 所示的【创建草图】对话框。【平面方法】选择【新平面】选项，然后选取如图 5-41 所示的实体表面；【参考】选择【水平】选项，单击【指定矢量】，然后选取如图 5-42 所示的实体边缘；【原点方法】选择【指定点】选项，【指定点】选项选择【控制点】，然后选取如图 5-42 所示的实体边缘；单击【确定】按钮，系统进入草图环境。

11）绘制如图 5-43 所示的草图，草图的绘制过程不再详述。

图 5-40 【创建草图】对话框　　　　图 5-41 选取的实体表面

图 5-42 选取的实体边缘　　　　图 5-43 绘制的草图 2

12）单击【直接草图】面组中的【完成】按钮，退出草图环境，系统返回【拉伸】对话框。单击【方向】选项组中的【反向】按钮；【结束】下的【距离】文本框中输入"6"，完成拉伸；【布尔】选项选择【合并】，单击【应用】按钮，结果如图 5-44 所示。

13）此时系统并没有退出【拉伸】对话框。单击【截面线】选项组中的【绘制截面】按钮，系统弹出【创建草图】对话框。【平面方法】选择【新平面】选项，然后选取如图 5-45 所示的实体表面；【参考】选择【水平】选项，【指定矢量】选项选择【-XC】；【原点方法】选择【指定点】选项，单击【点对话框】按钮，系统弹出【点】对话框，分别在【X】、【Y】和【Z】文本框中输入"0""0""0"，单击【确定】按钮，系统返回到【创建草图】对话框；单击【确定】按钮，系统进入草图环境。

图 5-44 创建的模型　　　　图 5-45 选取的实体表面

14）绘制如图 5-46 所示的草图，单击【直接草图】面组中的【完成】按钮，退出草图环境，系统返回【拉伸】对话框。单击【方向】选项组中的【反向】按钮；【结束】下的【距离】文本框中输入"1"；【布尔】选项选择【减去】，单击【确定】按钮，结果如图 5-47 所示。

图 5-46 绘制的草图 3　　　　　　图 5-47 创建的模型

2. 实例 2

1）选择【文件】|【打开】命令，或者选择【标准】工具条中的【打开】按钮，系统弹出【打开】对话框。选择在本书配套资源根目录下的 5/5_3.prt 文件，单击【OK】按钮，即打开部件文件，创建如图 5-48 所示的零件模型。

5-8 实例 2

图 5-48 实例 2 零件图

2）单击【主页】选项卡【特征】面组中的【旋转】按钮，系统弹出如图 5-49 所示的【旋转】对话框。单击【截面线】选项组中的【绘制截面】按钮，系统弹出【创建草图】对话框。【平面方法】选择【自动判断】选项，单击【确定】按钮，系统进入草图环境。

3）绘制如图 5-50 所示的草图，单击【直接草图】面组中的【完成】按钮，退出草图环境，系统返回【旋转】对话框。

图 5-49 【旋转】对话框　　　　　图 5-50 绘制的草图 1

第5章 零件设计

4）在【旋转】对话框中,【指定矢量】选项选择【YC】,单击【点对话框】按钮，系统弹出【点】对话框,分别在【X】、【Y】和【Z】文本框中输入"0""0""0",单击【确定】按钮,系统返回到【旋转】对话框;其他选项采用默认值,单击【确定】按钮,结果如图5-51所示。

5）单击【特征】面组中的【拉伸】按钮，系统弹出【拉伸】对话框。单击【截面线】选项组中的【绘制截面】按钮，系统弹出【创建草图】对话框。【平面方法】选择【新平面】选项,【指定平面】选项选择【YC-ZC 平面】；【参考】选择【水平】选项,【指定矢量】选项选择【YC】;【原点方法】选择【指定点】选项,单击【点对话框】按钮，系统弹出【点】对话框,分别在【X】、【Y】和【Z】文本框中输入"0""0""0",单击【确定】按钮,系统返回到【创建草图】对话框;单击【确定】按钮,系统进入草图环境。

6）绘制如图5-52所示的草图,单击【直接草图】面组中的【完成】按钮，退出草图环境,系统返回【拉伸】对话框。【结束】选择【对称值】选项;【结束】下的【距离】文本框中输入"5";【布尔】选项选择【减去】,单击【确定】按钮,结果如图5-53所示。

图 5-51 创建的模型

图 5-52 绘制的草图 2

图 5-53 创建的模型

5.4 成形特征

在实体建模过程中,成形特征用于模型的细节添加。成形特征的添加过程可以看成是模拟零件的加工过程,它包括孔、圆台、腔体、凸垫、键槽、割槽等。应该注意的是,只能在实体上创建成形特征。成形特征与构建它时所使用的几何图形和参数值完全相关。

所有成形特征都需要一个安放面,对于沟键槽来说,其安放面必须为圆柱或圆锥面,而对于其他形式的大多数成形特征,其安放面必须是平面。特征是在安放面的法线方向上创建的,与安放表面相关。安放面通常选择已有实体的表面,如果没有平面作为安放面,可以创建基准面作为安放面。

NX 12.0 规定特征坐标系的 *XC* 轴为水平参考,可以将可投影到安放表面的线性边、平的表面、基准轴和基准平面定义为水平参考。

5.4.1 成形特征的定位

定位是指相对于安放面的位置,用定位尺寸来控制。定位尺寸是沿着安放面测量的距离尺寸，这些尺寸可以看作是约束或是特征体必须遵守的规则。对于圆形或锥形特征体在【定位】对话框中有六种定位方式，如图 5-54 所示；对于方形特征，在【定位】对话框中有九种定位方式，如图 5-55 所示。

图 5-54 【定位】对话框

图 5-55 【定位】对话框

1. 水平定位

该方式通过在目标实体与工具实体上分别指定一点，再以这两点沿水平参考方向的距离进行定位。单击【水平】按钮，系统弹出的对话框取决于当前特征是否已定义了水平参考方向或垂直参考方向。

如果没有定义水平参考方向，则系统弹出如图 5-56 所示的【水平参考】对话框。此时可以选择实体边缘、面、基准轴和基准平面作为水平参考方向。定义水平参考方向后，系统弹出如图 5-57 所示的选择目标对象的【水平】对话框。先在目标实体上选择对象，作为基准点；再在工具实体上选择对象，作为参考点。指定两个位置后，如图 5-54 中的【当前表达式】文本框被激活，并在其文本框显示默认尺寸，可以在文本框中输入需要的水平尺寸值，单击【确定】按钮，即完成水平定位操作。

如果已定义过水平参考方向，则不再出现如图 5-56 所示的【水平参考】对话框，而直接弹出如图 5-57 所示的选择目标对象的【水平】对话框。可按以上相同方法进行水平定位。

选择目标对象与工具边，实际上是选择其上的一点，即存在的点、实体边缘上的点，圆弧中心点或圆弧的切点。当选择的目标对象或工具边为圆弧时，系统会弹出如图 5-58 所示的【设置圆弧的位置】对话框，可以直接选择圆弧的端点、圆弧中心或相切点。

图 5-56 【水平参考】对话框

图 5-57 【水平】对话框

图 5-58 【设置圆弧的位置】对话框

第5章 零件设计

2. 竖直定位

该方式通过在目标实体与工具实体上分别指定一点，以这两点沿垂直参考方向的距离进行定位。单击【竖直】按钮，弹出的对话框与操作步骤，与水平定位时类似。

3. 平行定位

该方式是指在与工作平面平行的平面中测量在目标实体与工具实体上指定点间的距离。单击【平行】按钮，系统弹出图 5-59 所示的选择目标对象的【平行】对话框。在目标实体上选择对象，作为基准点，然后确定，如图 5-54 中所示的【当前表达式】文本框被激活，并在文本框显示默认尺寸，可以在文本框中输入需要的水平尺寸值，单击【确定】按钮即完成平行定位操作。

图 5-59 【平行】对话框

4. 垂直定位

该方式通过在工具实体上指定一点，以该点至目标实体上指定边缘的垂直距离进行定位。单击【垂直】按钮，其操作与平行定位相类似。

5. 点落在点上定位

该方式通过在工具实体与目标实体上分别指定一点，使两点重合进行定位。可以认为点落在点上定位，是平行定位的特例，即在平行定位中的距离为零时，就是点落在点上定位，其操作步骤，与平行定位时类似。

6. 点落在线上定位

该方式通过在工具实体上指定一点，并使该点位于目标实体的一指定边缘上进行定位。可以认为点到线上定位，是垂直定位的特例，即在垂直定位中的距离为零时，就是点落在线上定位。单击【点落在线上】按钮，系统弹出对话框，这时可以选择曲线、实体的边缘和片体的边缘。

7. 按给定距离平行定位

该方式通过成形特征体一边与目标实体的边平行且间隔一定距离的方式定位。单击【按给定距离平行】按钮，弹出如图 5-60 所示的选择目标实体边的【按给定距离平行】对话框。选择目标实体边，系统弹出如图 5-61 所示的选择工具实体边的【按给定距离平行】对话框。选择工具实体边，系统弹出如图 5-62 所示的【创建表达式】对话框。在文本框中输入距离，单击【确定】按钮即可完成定位。

图 5-60 【按给定距离平行】对话框（一）　　图 5-61 【按给定距离平行】对话框（二）　　图 5-62 【创建表达式】对话框

8. 斜角定位

该方式通过成形特征体一边与目标实体的边成一定夹角的方式定位。单击【斜角】按钮

⚠，系统弹出如图 5-63 所示的选择目标实体边的【角度】对话框。这时选择目标实体边，再选择工具实体边，系统弹出如图 5-64 所示的选择工具实体边的【创建表达式】对话框。在文本框中输入角度值，单击【确定】按钮即可完成定位。

9. 线落在线上定位

该方式通过成形特征体一边与目标实体边重合进行定位。单击【线落在线上】按钮，系统弹出图 5-65 所示的选择目标实体边的【线落在线上】对话框。选择目标实体边，再选择工具实体边即可完成定位。

图 5-63 【角度】对话框　　图 5-64 【创建表达式】对话框　　图 5-65 【线落在线上】对话框

5.4.2 孔特征

孔特征是指在模型中去除圆柱、圆锥或同时存在两种特征的实体而形成的实体特征，孔特征包括简单孔、沉头孔和埋头孔。

1. NX 5 版本之前的孔

通过【NX 5 版本之前的孔】命令可以在实体上创建一个简单孔、沉头孔或埋头孔。对于所有创建孔的选项，深度值必须是正的。

单击【特征】面组中的【NX 5 版本之前的孔】按钮，或选择【菜单】|【插入】|【设计特征】|【NX 5 版本之前的孔】命令，系统弹出如图 5-66 所示的【孔】对话框。该对话框提供了【简单孔】、【沉头孔】和【埋头孔】三种类型孔的创建方法，每种类型的孔都可以通过是否指定穿通面来控制是否在实体上形成通孔，它们的操作方法基本一致。首先指定孔的类型，然后选择实体表面或基准平面作为孔放置平面和通孔平面，再设置孔的参数及打通方向，最后确定孔在实体上的位置，这样就可以创建所需要的孔了。

（1）简单孔　在如图 5-66 所示的【孔】对话框中选择该选项，按照步骤选择孔放置平面，孔放置平面

图 5-66 【孔】对话框（一）

可以是实体表面也可以是基准平面，然后在孔参数文本框中输入相应参数。确定打孔方向，单击【确定】按钮，系统弹出如图 5-54 所示【定位】对话框，定义孔的位置即可完成孔特征操作。

（2）沉头孔　沉头孔对话框类似于简单孔，只是参数不同，参数如图 5-67 所示。

（3）埋头孔　埋头孔对话框类似于简单孔，只是参数不同，参数如图 5-68 所示。

图 5-67 【孔】对话框（二）

图 5-68 【孔】对话框（三）

2. 孔

通过【孔】命令可以在部件或装配中添加常规孔、钻形孔、螺钉间隙孔、螺纹孔及孔系列。该命令与【NX 5 版本之前的孔】命令主要有以下区别。

1）可以在非平面上创建孔，可以不指定孔的放置面。
2）通过指定多个放置点，在单个特征中创建多个孔。
3）通过【指定点】选项对孔进行定位，而不是利用【定位】对话框对孔进行定位。
4）通过使用格式化的数据表创建钻形孔、螺钉间隙孔和螺纹孔。
5）使用 ANSI、ISO、DIN、JIS 等标准。
6）创建孔特征时，可以使用【无】和【减去】选项进行布尔运算。
7）可以将起始倒斜角、终止倒斜角或退刀槽倒斜角添加到孔特征上。

单击【特征】面组的【孔】按钮，或选择【菜单】|【插入】|【设计特征】|【孔】命令，系统弹出如图 5-69 所示的【孔】对话框，该对话框中主要选项的含义介绍如下。

图 5-69 【孔】对话框

（1）类型选项组　该选项组用以设置孔特征的类型，包括【常规孔】（简单、沉头、埋头或锥形状）、【钻形孔】、【螺钉间隙孔】（简单、沉头或埋头形状）、【螺纹孔】、【孔系列】（部件或装配中一系列多形状、多目标体、对齐的孔）选项。完成孔的类型设置后，一般还要定义孔的放置位置、孔的方向、形状和尺寸（或规格）等以完成孔的创建。

（2）【位置】选项组　该选项组用以设置孔特征的放置位置，系统提供了【绘制截面】和【点】两种方法确定孔的中心点位置。

1)【绘制截面】方法。单击【绘制截面】按钮，系统弹出【创建草图】对话框，提示用户选择草图平面，用户可以选择放置平面创建内部草图，在草图环境下绘制点以创建孔的中心点。

2)【点】方法。单击【点】按钮，通过选择已存在的点作为孔的中心点。单击【选择组】工具条中的【启用捕捉点】按钮，激活【捕捉点】设置并激活相应的捕捉点规则，如图 5-70 所示，可以更快捷地拾取存在点作为孔中心点。此外，激活【孔】命令后，【选择】面组上会自动出现【选择规则】工具条，该工具条可以用于辅助孔中心点的选择，如图 5-71 所示。

图 5-70　【选择组】工具条　　　　图 5-71　【选择规则】工具条

（3）【方向】选项组　该选项组用以设置创建孔特征的方向，系统提供了【垂直于面】和【沿矢量】两种方法确定孔的方向。

1)【垂直于面】方法。该选项为系统默认的创建孔方向的方式，其矢量方向与孔所在平面的法向反向。

2)【沿矢量】方法。当选择【沿矢量】选项时，【方向】选项组如图 5-72 所示。可以通过多种方式构建矢量来改变方向，也可在【方向】选项组的【指定矢量】下拉列表中进行拉伸矢量的选择或创建。

（4）【形状和尺寸】选项组　根据所选择的孔类型不同，该选项组的具体设置内容有所区别。在五种孔的类型中，【常规孔】最为常用。

从类型下拉列表中选择【常规孔】选项时，孔特征的【成形】方式包括【简单孔】、【沉头孔】、【埋头孔】和【锥孔】四种。

从类型下拉列表中选择【钻形孔】选项时，需要分别定义位置、方向、形状和尺寸、布尔、标准和公差创建孔特征，如图 5-73 所示。

图 5-72　【孔】对话框【方向】选项组　　　图 5-73　【孔】对话框【形状和尺寸】选项组（一）

从类型下拉列表中选择【螺钉间隙孔】选项时，需要定义的内容和【钻形孔】选项类似，但存在细节差异，如螺纹间隙孔有自己的【形状和尺寸】及【标准】选项。螺纹间隙孔的成形方式有【简单孔】、【沉头孔】、【埋头孔】，如图 5-74 所示。

螺纹孔是机械设计中一种常见的连接结构，要创建螺纹孔，在类型下拉列表中选择【螺纹孔】选项后，除了需要设置位置、方向之外，还要在【设置】选项组的【标准】列表框中选择所需的一种适用标准。在【形状和尺寸】中设置螺纹尺寸、起始倒斜角和终止倒斜角等，如图 5-75 所示。

图 5-74　【孔】对话框【形状和尺寸】选项组（二）　　图 5-75　【孔】对话框【形状和尺寸】选项组（三）

从类型下拉列表中选择【孔系列】选项时，除了需要设置位置和方向之外，还要利用【规格】选项组来分别设置【开始】、【中间】和【端点】三个选项卡上的内容，如图 5-76 所示。

图 5-76　【孔】对话框【规格】选项组

5.4.3 凸台

凸台是指增加一个按指定高度、直径或侧面有拔模锥度的圆柱形物体。其参数有高度、直径和拔模锥度。

单击【特征】面组中的【凸台】按钮，或选择【菜单】|【插入】|【设计特征】|【凸台】命令，系统弹出如图 5-77 所示的【支管】对话框。按步骤选择放置面，在各个文本框中输入凸台相关参数，确定构建方向，单击【确定】按钮，系统弹出如图 5-54 所示的【定位】对话框。按前面介绍的定位方式，确定凸台位置，便可在实体指定位置按输入参数创建凸台。使用此方法生成的圆形凸台与原实体成为一个整体。

图 5-77 【支管】对话框

5.4.4 腔体

腔体工具可以在实体表面上去除圆柱、矩形或常规形状特征的实体，所指定的放置表面必须是平面。

单击【特征】面组中的【腔】按钮，或选择【菜单】|【插入】|【设计特征】|【腔】命令，系统弹出如图 5-78 所示的【腔】对话框。该对话框中包含三种类型腔体：圆柱形的腔体、矩形的腔体和常规的腔体。对于圆柱形、矩形腔体，可以选择实体表面或基准平面作为型腔放置平面来构建型腔。

1. 圆柱形

圆柱形的腔体是指定义具有一定深度的圆柱形腔。单击如图 5-78 所示的【腔】对话框中的【圆柱形】按钮，系统弹出如图 5-79 所示的【圆柱腔】对话框。选择腔体的放置面，系统弹出如图 5-80 所示的【圆柱腔】对话框。该对话框中需要设置四个参数，设置完四个参数后，单击【确定】按钮，系统弹出如图 5-54 所示的【定位】对话框。按前面介绍的定位方式，确定腔体的位置。

图 5-78 【腔】对话框   图 5-79 【圆柱腔】对话框（一）   图 5-80 【圆柱腔】对话框（二）

2. 矩形腔体

矩形腔体是指定义具有一定长、宽、高等参数矩形腔。单击如图 5-78 所示的【腔】对话框中的【矩形】按钮，系统弹出如图 5-81 所示的【矩形腔】对话框。选择腔体的放置面，系统弹出如图 5-82 所示的【水平参考】对话框。指定参考方向，系统弹出如图 5-83 所示的【矩形腔】对话框，在各个文本框中输入相应参数，单击【确定】按钮。系统弹出【定位】对话框，按前面介绍的定位方式，确定矩形腔体的位置，即可在实体上指定位置按输入参数创建需要的矩形型腔。

图 5-81 【矩形腔】对话框（一）　　图 5-82 【水平参考】对话框　　图 5-83 【矩形腔】对话框（二）

3. 常规的腔体

常规腔体与圆柱形腔体和矩形腔体相比更具有通用性，在形状和控制方面非常灵活。常规腔体的放置面可以选择曲面，可以自定义底部面，也可选择曲面作底部面，放置面与底部面的形状可由指定的链接曲线来定义，还可以指定放置面或底部面与其侧面的圆角半径。

单击如图 5-78 所示的【腔】对话框中的【常规】按钮，系统弹出如图 5-84 所示的【常规腔】对话框。该对话框上部的图标，用于指定创建常规腔体的相应对象，创建某个具体的常规腔体时，并不需要使用每个步骤图标，大多数情况下，只需用到几个常用图标。中部可变显示区，用于指定各相应步骤的控制方式。下部相关选项组，用于设置创建常规腔体的参数。

图 5-84 【常规腔】对话框

5.4.5 垫块

【垫块】命令可以在实体表面创建矩形和常规两种类型的实体特征。单击【特征】面组中的【垫块】按钮，或选择【菜单】|【插入】|【设计特征】|【垫块】命令，系统弹出如图 5-85 所示的【垫块】对话框。

1. 矩形的垫块

单击如图 5-85 所示【垫块】对话框中的【矩形】按钮，系统弹出如图 5-86 所示的【矩形垫块】对话框。选择垫块的放置面，系统弹出如图 5-82 所示的【水平参考】对话框。指定参考方向，系统弹出如图 5-87 所示的【矩形垫块】对话框，在各个文本框中输入相应参数，单击【确定】按钮。系统弹出【定位】对话框，按前面介绍的定位方式，确定矩形垫块的位置，即可在实体上指定位置按输入参数创建需要的矩形垫块。

图 5-85 【垫块】对话框　　图 5-86 【矩形垫块】对话框（一）　　图 5-87 【矩形垫块】对话框（二）

2. 常规的垫块

常规的垫块与矩形垫块相比更具有通用性，在形状和控制方面非常灵活。常规垫块的放置面可以选择曲面，可以自定义顶面，也可选择曲面作顶面，放置面与顶面的形状可由指定的链接曲线来定义，还可以指定放置面或顶面与其侧面的圆角半径。

单击如图 5-85 所示的【垫块】对话框中的【常规】按钮，系统弹出如图 5-88 所示的【常规垫块】对话框。具体创建操作与常规腔体基本相同。

5.4.6 键槽

【键槽】命令可以在模型中创建具有矩形、球形槽、U 形、T 形和燕尾五种形状特征的实体，从而形成所需的键槽特征。单击【特征】面组中的【键槽】按钮，或选择【菜单】|【插入】|【设计特征】|【键槽】命令，系统弹出如图 5-89 所示的【槽】对话框。

在实体上创建键槽，首先指定键槽类型，再选择平面，即键槽放置平面和通孔平面，并指定水平参考方向，然后在对话框中输入键槽的参数，再选择定位方式，确定键槽在实体上的位置，各类键槽都可以设置为通槽，这样就可以创建所需的键槽了。

1. 矩形槽

矩形键槽的基本参数见如图 5-90 所示的【矩形槽】对话框。

2. 球形槽

球形槽的基本参数见如图 5-91 所示的【球形槽】对话框。创建过程与矩形槽相类似，只是输入球形槽参数对话框有所不同。

图 5-88 【常规垫块】对话框

图 5-89 【槽】对话框

图 5-90 【矩形槽】对话框

3. U 形键槽

U 形键槽的基本参数见如图 5-92 所示的【U 形键槽】对话框。创建过程与矩形槽相类似，只是输入 U 形键槽参数对话框有所不同。

4. T 形键槽

T 形键槽的基本参数见如图 5-93 所示的【T 形槽】对话框。创建过程与矩形槽相类似，只是输入 T 形键槽参数对话框有所不同。

图 5-91 【球形槽】对话框　　图 5-92 【U 形键槽】对话框　　图 5-93 【T 形槽】对话框

5. 燕尾槽

燕尾槽的基本参数见如图 5-94 所示的【燕尾槽】对话框。创建过程与矩形槽相类似，只是输入燕尾键槽参数对话框有所不同。

5.4.7 环形槽

环形槽在各类机械零件中也是很常见的，环形槽的类型包括矩形环形槽、球形端环形槽和 U 形环形槽，本节介绍环形槽的创建。

单击【特征】面组中的【槽】按钮，或选择【菜单】|【插入】|【设计特征】|【槽】命令，系统弹出如图 5-95 所示的【槽】对话框。在实体上创建环形槽一般先在【槽】对话框中选择环形槽类型，然后指定环形槽放置面，设置环形槽参数，最后用定位方式中的平行定位方式，确定环形槽在实体上的位置，即可创建所需要的环形槽。

图 5-94 【燕尾槽】对话框　　图 5-95 【槽】对话框

1. 矩形环形槽

单击【槽】对话框中的【矩形】按钮，系统弹出如图 5-96 所示的【矩形槽】对话框。选择矩形槽放置面，系统弹出如图 5-97 所示的【矩形槽】对话框。在文本框中输入相应参数，单击【确定】按钮。选择定位方式后，单击【确定】按钮，即可在实体上按指定参数创建矩形环形槽。

2. 球形端环形槽

在实体上创建球形端环形槽的操作与创建矩形环形槽相类似，只是输入球形端环形槽参数对话框不同，【球形端槽】对话框如图 5-98 所示。

3. U 形环形槽

在实体上创建 U 形环形槽的操作与创建矩形环形槽相类似，只是输入 U 形环形槽参数对话框不同，【U 形槽】对话框如图 5-99 所示。

图 5-96 【矩形槽】对话框（一）　　图 5-97 【矩形槽】对话框（二）　　图 5-98 【球形端槽】对话框

5.4.8　三角形加强筋

利用【三角形加强筋】工具命令可以完成机械设计中的加强筋的创建，该命令通过在两个相交的面组内添加三角形实体而完成。

单击【特征】面组中的【三角形加强筋】按钮，或选择【菜单】|【插入】|【设计特征】|【三角形加强筋】命令，系统弹出如图 5-100 所示的【三角形加强筋】对话框。对话框中的【方法】下拉列表中包括【沿曲线】和【位置】两个选项。当选择【沿曲线】选项时，可以按圆弧长度或百分比确定加强筋位于平面上相交曲线的位置；当选择【位置】选项时，可以通过指定加强筋的绝对坐标值确定其位置；一般来说，第一种选项比较常用。

图 5-99 【U 形槽】对话框　　　　图 5-100 【三角形加强筋】对话框

5.4.9　凸起

凸起和垫块相似，也是在平面或曲面上创建平的或自用曲面的凸台，凸起形状和凸起顶面可以自定义。凸起创建的特征比垫块更自由灵活。

单击【特征】面组中的【凸起】按钮，或选择【菜单】|【插入】|【设计特征】|【凸起】命令，系统弹出如图 5-101 所示的【凸起】对话框。各选项组的含义介绍如下。

（1）【截面线】选项组　确定凸起的基本形状，根据目标上或目标外的封闭曲线集、边缘集或草图，在平面或其他面上创建。该截面通常是平的，但也可以是 3D 的，可以选择一个图来指定截面。

图 5-101 【凸起】对话框

（2）【要凸起的面】选项组　在其上创建凸起的曲面（或曲面集）。可以选择一个面来指定目标。

（3）【凸起方向】选项组　指定凸起的方向。

（4）【端盖】选项组　端盖为凸起的终止曲面。该选项组用于指定端盖的参数是得到的几何体的底部面（腔体）还是顶部面（垫块）。用于端盖的几何体不必是所修改的体的一部分。

（5）【拔模】选项组　用于创建侧壁的选项，指出截面从何处开始拔模或投影到何处，【拔模】选项包括：【从端盖（从端盖曲面）】、【从凸起的面】、【从选定的面】、【从选定的基准（从基准平面）】、【从截面】和【无（不从某一位置开始拔模或投影）】。

5.4.10　偏置凸起

偏置凸起和凸起相似，通过点或者曲线生成一定大小的凸台或者型腔。

单击【特征】面组中的【偏置凸起】按钮，或选择【菜单】|【插入】|【设计特征】|【偏置凸起】命令，系统弹出如图 5-102 所示的【偏置凸起】对话框。各选项组的含义介绍如下。

（1）【中心类型】选项组

● 曲线：根据输入曲线（将沿此曲线创建特征）指定凸起的类型。

● 点：根据点（相对于该点测量垫块的尺寸）指定凸起的类型。

（2）【要偏置的体】选项组　用于选择要在片体上创建偏置凸起的片体的面。该面必须是片体，而不应是实体。

（3）【要遵循的轨迹】选项组　选取用作曲线类型特征路径的曲线或用作点类型特征中心的点。

（4）【偏置】选项组　包括【边偏置】与【高度】选项。

● 边偏置：用于指定距离垫块边界的偏置尺寸，以定义侧壁拔模。

- 高度：用于指定输入片体要偏置的距离，以创建垫块。
- 反向：用于高度偏置的方向反向。

（5）【宽度】选项组　包括【右边宽】和【左边宽】选项。
- 右边宽：指定曲线或点右侧垫块的宽度。
- 左边宽：指定曲线或点左侧垫块的宽度。

5.4.11　综合应用实例

5-10　综合应用实例

1）选择【文件】|【打开】命令，或者选择【标准】工具条中的【打开】按钮，系统弹出【打开】对话框。选择在本书配套资源根目录下的 5/5_4.prt 文件，单击【OK】按钮，即打开部件文件，创建如图 5-103 所示的综合实例图。

图 5-102　【偏置凸起】对话框　　　　图 5-103　综合实例图

2）单击【特征】面组中的【拉伸】按钮，系统弹出【拉伸】对话框。单击【截面线】选项组中的【绘制截面】按钮，系统弹出【创建草图】对话框。单击【确定】按钮，系统进入草图环境，绘制如图 5-104 所示的草图，单击【直接草图】面组中的【完成】按钮，退出草图环境，系统返回【拉伸】对话框。【结束】下的【距离】文本框中输入"5"，单击【确定】按钮，结果如图 5-105 所示。

图 5-104　绘制的草图　　　　　　　图 5-105　创建的模型

3）单击【特征】面组中的【凸台】按钮，系统弹出如图 5-106 所示的【支管】对话框。【直径】文本框中输入"14"，【高度】文本框中输入"11"，选取如图 5-107 所示的实体表面，单击【支管】对话框中的【确定】按钮，系统弹出【定位】对话框。此时选取如图 5-108 所示的实体边缘，在【定位】对话框的文本框中输入"7.5"，单击【应用】按钮；选取如图 5-109 所示的实体边缘，在【定位】对话框的文本框中输入"15"，单击【确定】按钮，结果如图 5-110 所示。

图 5-106 【支管】对话框　　　　　　图 5-107 选取的表面

图 5-108 选取的实体边缘（一）　图 5-109 选取的实体边缘（二）　图 5-110 添加凸台后的模型

4）单击【特征】面组的【孔】按钮，系统弹出如图 5-111 所示的【孔】对话框。按照图 5-111 所示设置各项参数，【直径】文本框中输入"9"，然后选择如图 5-112 所示的实体表面，系统进入草图环境，确定如图 5-113 所示的孔的位置，单击【直接草图】面组中的【完成】按钮，退出草图环境，系统返回【孔】对话框。单击【确定】按钮，结果如图 5-114 所示。

5）单击【特征】面组中的【键槽】按钮，系统弹出如图 5-115 所示的【槽】对话框。选择【矩形槽】，单击【确定】按钮，系统弹出如图 5-116 所示的【矩形槽】对话框。选取如图 5-117 所示的实体表面，系统弹出如图 5-118 所示的【水平参考】对话框。选取如图 5-119 所示的实体边缘，系统弹出如图 5-120 所示的【矩形槽】对话框。分别在【长度】、【宽度】和【深度】文本框中输入"10""6"和"5"，单击【确定】按钮，系统弹出【定位】对话框。单击【垂直】按钮，依次选取如图 5-119 所示的实体边缘和如图 5-121 所示的矩形槽中心线，系统弹出如图 5-122 所示的【创建表达式】对话框。在文本框中输入

"7.5",单击【确定】按钮,系统返回到【定位】对话框。采用相同的方法确定另一边的位置尺寸,此时选取的实体边缘为短边,文本框中输入"2",系统返回到【定位】对话框时,单击【确定】按钮,结果如图 5-123 所示。

图 5-111 【孔】对话框

图 5-112 选取的实体表面

图 5-113 孔的位置

图 5-114 添加孔后的模型

图 5-115 【槽】对话框

图 5-116 【矩形槽】对话框(一)

图 5-117 选取的实体表面

图 5-118 【水平参考】对话框

图 5-119 选取的实体边缘(三)

第5章 零件设计

图 5-120 【矩形槽】对话框（二）　　图 5-121 选取的矩形槽中心线　　图 5-122 选取的实体边缘（四）

6）采用与步骤5）相同的方法创建另一个矩形槽，结果如图5-124所示。

图 5-123 添加矩形槽后的模型　　　　　　　图 5-124 综合应用实例模型

5.5 特征操作

细节特征是在特征建模的基础上增加一些细节的表现，是在毛坯的基础上进行详细设计的操作手段。可以通过倒圆和倒斜角操作，为基础实体添加一些修饰特征，从而满足工艺的需要；也可以通过拔模、抽壳、修剪以及拆分操作对特征进行实质编辑，从而符合生产的要求。

5.5.1 拔模

拔模主要是对实体的某个面沿一定方向，以一定角度创建特征，使得特征在一定方向上有一定的斜度。此外，单一平面、圆柱面以及曲面都可以建立拔模特征。

单击【特征】面组中的【拔模】按钮，或选择【菜单】|【插入】|【细节特征】|【拔模】命令，系统弹出如图5-125所示的【拔模】对话框。在拔模实体时，首先选择拔模类型，再按步骤选择对象，并设置拔模参数，单击【确定】按钮，即可完成对实体的拔模。

拔模类型有如下四种：

（1）面　　该类型用于从参考点所在平面开始，在拔模方向设置一定的拔模角度，对指定的实体表面进行拔模。操作过程需要设置拔模方向、固定平面和要拔模的面。

（2）边　　该拔模类型用于从一系列实体边缘开始，在拔模方向设置一定的拔模角度，对指定的实体进行拔模，适用于所选实体边缘不共面的情况。操作过程需要设置拔模方向和拔模边。

（3）与面相切　　该类型用于在拔模方向设置一定的拔模角度，对实体进行拔模，使拔模面相切于指定的实体表面。该类型适用于对相切表面拔模后要求仍然保持相切的情况。

操作过程需要设置拔模方向和相切面。

（4）分型边 该类型用于从参考点所在平面开始，在拔模方向设置一定的拔模角度，沿指定的分割边缘对实体进行拔模，适用于实体中部具有特殊形状的情况。操作过程需要设置拔模方向、固定平面和分型边。

【拔模】对话框中的其他选项的说明如下。

（1）【脱模方向】选项组 该选项组用于指定拔模方向，可以通过【矢量对话框】按钮或者【指定矢量】下拉列表中的选项指定拔模方向，【反向】按钮用于改变矢量方向。

（2）【拔模参考】选项组 该选项组中的【拔模方法】下拉列表中有【固定面】、【分型面】和【固定面和分型面】三个选项。
- 【固定面】：该方法用于指定实体拔模的参考面。在拔模过程中，实体在该参考面上的截面曲线不发生变化。
- 【分型面】：该方法用于固定分型面拔模。包含拔模面与固定面的相交曲线将用作计算该拔模的参考。要拔模的面将在与固定面相交处进行细分。
- 【固定面和分型面】：该方法用于从固定面向分型面拔模。包含拔模面与固定面的相交曲线将用作计算该拔模的参考。要拔模的面将在与分型面相交处进行细分。

（3）【要拔模的面】选项组 用于选择要拔模的面。此选项组仅在使用【固定平面】拔模方法时可用。所选的拔模方向不能与任何拔模表面的法向平行；当进行实体外表面的拔模时，若拔模角度>0，则沿拔模方向向内拔模；否则沿拔模方向向外拔模；当进行实体内表面的拔模时，情况与拔模外表面时刚好相反。

拔模的创建步骤如下：
1）指定拔模的类型。
2）指定脱模方向。
3）选择固定面，对于【边】类型选择参考边，对于【与面相切】类型没有此步。
4）选择要拔模的面，对于【分型边】类型，选择分型边。
5）设置要拔模的角度。
6）单击【确定】或【应用】按钮，创建拔模角。

5.5.2 拔模体

利用【拔模体】命令可以创建成型和铸造零件的脱模角度，也可以在分型面两侧建立和匹配拔模，并自动添加材料到欠切削区域。

单击【特征】面组中的【拔模体】按钮，或选择【菜单】|【插入】|【细节特征】|【拔模体】命令，系统弹出如图 5-126 所示的【拔模体】对话框。操作过程与拔模的操作过程基本相似。

5.5.3 倒圆角

倒圆角是指在两个实体表面之间产生的平滑圆弧过渡。在零件设计过程中，倒圆角操作比较重要，它不仅可以去除模型的棱角，满足造型设计的美学要求，而且还可以通过变换造型，防止零件应力过于集中形成裂纹。在 NX 中可以创建三种倒圆角类型，即【边倒圆】、【面倒圆】和【软倒圆】，本节主要介绍【边倒圆】。

图 5-125 【拔模】对话框　　　　　图 5-126 【拔模体】对话框

【边倒圆】特征是指用指定的倒圆半径将实体的边缘变成圆柱面或圆锥面。根据圆角半径的设置可分为等半径倒圆和变半径倒圆两种类型。

单击【特征】面组中的【边倒圆】按钮，或选择【菜单】|【插入】|【细节特征】|【边倒圆】命令，系统弹出如图 5-127 所示的【边倒圆】对话框。该对话框包括了倒圆角的四种方式，介绍如下。

（1）固定半径倒圆角　该方式的边倒圆最为简单，比较常用。通过在系统默认的浮动文本框中设置固定的圆角半径，然后选取棱边线直接创建圆角，预览形式如图 5-128 所示。

（2）可变半径点　该方式是指沿指定边缘，按可变半径对实体或片体进行倒圆操作，所创建的倒圆面通过指定的陡峭边缘，并与倒圆边缘邻接的面相切。在变半径倒圆中，需要在多个点处指定半径，预览形式如图 5-129 所示。

图 5-127 【边倒圆】对话框　　图 5-128 固定半径倒圆角　　图 5-129 可变半径点

（3）拐角倒角　该方式可在相邻三个面上的三条棱边线的交点处产生倒圆角，它是在零件的拐角处去除材料创建而成，预览形式如图 5-130 所示。

（4）拐角突然停止　利用该方式可通过指定点或距离将之前创建的圆角截断。依次选取棱边线之后，选取拐角的终点位置，然后通过输入一定距离确定停止的位置。预览形式如图 5-131 所示。

图 5-130　拐角倒角

图 5-131　拐角突然停止

提示：对于由几块片体组成的模型进行边倒圆需对其进行缝合。

5.5.4　倒斜角

倒斜角也是工程中经常出现的倒角方式，即对实体边缘指定尺寸进行倒角。根据倒角的方式可以分为【对称】、【非对称】以及【偏置和角度】三种类型。

单击【特征】面组中的【倒斜角】按钮，或选择【菜单】|【插入】|【细节特征】|【倒斜角】命令，系统弹出如图 5-132 所示的【倒斜角】对话框。

1. 对称倒斜角

对称倒斜角是指在相邻两个面上对称偏置一定距离，从而去除棱角的一种方式。它的斜角值是固定的 45°，并且是系统默认的倒角方式。在【倒斜角】对话框的【横截面】下拉列表中选择【对称】选项，然后选取需要倒角的边缘并在【距离】文本框中输入倒角参数，单击【确定】按钮即可。

【偏置法】下拉列表包括【沿面偏置边】和【偏置面并修剪】两个选项，前者是指沿着表面进行偏置，后者是指定一表面并修剪该面。

2. 非对称倒斜角

非对称倒斜角是指对两个相邻面分别设置不同的偏置距离所创建的倒角特征。在【横截面】下拉列表中选择【非对称】选项，然后在如图 5-133 所示的对话框中输入倒斜角参数，单击【确定】按钮即可。其中【反向】按钮的作用是更改倒斜角的方向。

3. 偏置和角度

【偏置和角度】倒斜角类型是通过偏置距离和旋转角度两个参数来定义倒角特征。其中偏置距离是指沿偏置面偏置的距离，旋转角度是指在偏置面形成的角度。在【横截面】下拉列表中选择【偏置和角度】选项，然后在如图 5-134 所示的对话框中输入倒斜角参数，单击【确定】按钮即可。

第5章 零件设计

图 5-132 【倒斜角】对话框

图 5-133 【非对称】倒斜角参数

5.5.5 抽壳

抽壳特征操作是把一实体零件按规定的厚度沿某一表面挖空、变成外壳体。抽壳特征操作是建立壳体零件的重要特征操作。

单击【特征操作】面组中的【抽壳】按钮，或选择【菜单】|【插入】|【偏置/缩放】|【抽壳】命令，系统弹出如图 5-135 所示的【抽壳】对话框。该对话框提供了两种抽壳方式：【移除面，然后抽壳】和【对所有面抽壳】。

图 5-134 【偏置和角度】倒斜角参数

图 5-135 【抽壳】对话框

1. 移除面，然后抽壳

移除面，然后抽壳是指选取一个面为穿透面，并以所选取的面为开口面，和内部实体一起被抽掉，剩余的面以默认的厚度或替换厚度形成腔体的薄壁。要创建该类型抽壳特征，应首先指定抽壳厚度，然后选取实体中某个表面为移除面，即可获得抽壳特征，如图 5-136a 所示。在【备选厚度】选项组中可以为所选表面指定不同壁厚，如图 5-136b 所示。

2．对所有面抽壳

对所有面抽壳是指按某个指定的厚度，在不穿透实体表面的情况下挖空实体，即创建中空的实体。该抽壳方式与移除面抽壳的不同之处在于：移除面抽壳是选取移除面进行抽壳操作，而该方式是选取实体进行抽壳操作，如图 5-137 所示。

图 5-136　抽壳实例（一）

图 5-137　抽壳实例（二）

提示：在设置抽壳厚度时，输入的厚度值可正可负，但其绝对值必须大于抽壳的公差值，否则将出错。

5.5.6　螺纹

螺纹是指在圆柱或圆锥表面上，沿螺旋线所形成的具有相同截面的连续凸起和沟槽。在圆柱外表面上形成的螺纹称为外螺纹；在圆柱内表面上形成的螺纹称为内螺纹。

单击【特征操作】面组中的【螺纹刀】按钮，或选择【菜单】|【插入】|【设计特征】|【螺纹】命令，系统弹出如图 5-138 所示的【螺纹切削】对话框。在 NX 中，提供了两种创建螺纹的方式。

1．符号螺纹

用于创建符号螺纹。符号螺纹是指用虚线圆表示，而不显示螺纹实体，在工程图中用于表示螺纹和标注螺纹。符号螺纹生成螺纹的速度快，计算量小。图 5-138 所示为符号螺纹的参数设置对话框。

2．详细螺纹

用于创建详细螺纹。详细螺纹看起来更真实，可是由于螺纹几何形状的复杂性，计算量大，创建和更新的速度较慢。选择该选项，其对话框如图 5-139 所示，可设置详细螺纹的有关参数。

5.5.7　偏置面

【偏置面】命令用于沿着面法向偏置实体的一个或多个面，也可以偏置特征的面。偏置的距离可以使用正或负值，偏置结构不能改变实体的拓扑结构，正的偏置距离沿着所选表面的法向离开实体。

单击【特征】面组中的【偏置面】按钮，或选择【菜单】|【插入】|【偏置/缩放】|【偏置面】命令，系统弹出如图 5-140 所示的【偏置面】对话框。选取偏置表面，输入偏置距离，单击【确定】按钮即可完成偏置面操作。

图 5-138 【螺纹切削】对话框（一）

图 5-139 【螺纹切削】对话框（二）

5.5.8 比例缩放

比例缩放用来缩放实体的大小，可用于改变对象的尺寸及相对位置等。不论缩放点在何位置，实体特征都会以该点为基准，在形状尺寸和相对位置上进行相应的缩放。一般包括【均匀】、【轴对称】和【不均匀】三种缩放方式。

单击【特征】面组中的【缩放体】按钮，或选择【菜单】|【插入】|【偏置/缩放】|【缩放体】命令，系统弹出如图 5-141 所示的【缩放体】对话框。具体操作是：首先在对话框中选择比例缩放的类型，设置比例缩放的参数，按指定的步骤进行操作，即可对实体或片体进行比例缩放。

图 5-140 【偏置面】对话框

图 5-141 【缩放体】对话框（一）

1. 均匀缩放

该类型是以指定的参考点作为缩放中心，用相同的比例沿 X、Y、Z 方向对实体或者片体进行缩放。选择该类型，【比例因子】选项组如图 5-141 所示。

2. 轴对称缩放

该类型是以指定的参考点作为缩放中心，在对称轴方向和其他方向采用不同的缩放因子对所选择的实体或片体进行缩放。选择该类型，【比例因子】选项组如图 5-142 所示。【指定矢量】选项用来指定轴对称比例缩放类型的参考轴，默认值为 Z 轴。

3. 不均匀缩放

该类型对实体或片体沿指定参考坐标系的 X、Y、Z 轴方向，以不同的比例因子进行缩放。选择该类型，【比例因子】选项组如图 5-143 所示。【指定坐标系】选项用于指定缩放的参考坐标系，默认坐标系为工作坐标系。

图 5-142 【缩放体】对话框（二）

图 5-143 【缩放体】对话框（三）

5.5.9 应用实例

（1）打开文件　选择【菜单】|【文件】|【打开】命令，或者选择【标准】工具条中的【打开】按钮，系统弹出【打开】对话框。选择在本书配套资源根目录下的 5 / 5_5.prt 文件，单击【OK】按钮，即打开部件文件。

（2）拔模　单击【特征】面组中的【拔模】按钮，系统弹出【拔模】对话框。在类型下拉列表中选择【面】，单击鼠标中键，即采用默认的＋ZC 轴方向为拔模方向；选择如图 5-144 所示的表面为固定平面，选择如图 5-145 所示圆台的侧面为要拔模的面；在【角度】文本框中输入"4"，单击【确定】按钮，结果如图 5-146 所示。

（3）边倒圆　单击【特征】面组中的【边倒圆】按钮，系统弹出【边倒圆】对话框。选择如图 5-147 所示的边缘，【半径 1】文本框输入"8"，单击【应用】按钮；选择如图 5-148 所示的边缘，【半径 1】文本框输入"8"，单击【应用】按钮；选择如图 5-149 所示的边缘，【半径 1】文本框输入"3"，单击【确定】按钮，结果如图 5-150 所示。

第5章 零件设计

图 5-144 选取的实体表面

图 5-145 要拔模的面

图 5-146 拔模后的结果

图 5-147 选取的实体边缘（一）

图 5-148 选取的实体边缘（二）

图 5-149 选取的实体边缘（三）

（4）抽壳　单击【特征操作】面组中的【抽壳】按钮，系统弹出【抽壳】对话框。【厚度】文本框中输入"2"，选择如图 5-144 所示的表面，单击【确定】按钮或者按中键，结果如图 5-151 所示。

图 5-150 倒圆后的结果

图 5-151 抽壳后的结果

5.6 特征修剪

特征修剪操作主要包括分割面、连接面、修剪体和分割体，这些操作主要是对实体模型进行修改，在特征建模中有很大作用。

5.6.1 分割面

分割面可在保留分割线的情况下，用已存在的曲线在一个已经存在实体的表面上产生新的边缘以及新的表面。

单击【特征】面组中的【分割面】按钮，或选择【菜单】|【插入】|【修剪】|【分割面】命令，系统弹出如图 5-152 所示的【分割面】对话框。选取需要分割的表面，单击鼠标中键，再选取分割曲线，单击【确定】或【应用】按钮即可创建分割面。

注意：分割线不一定要在被分割的实体表面上。一个表面在一次分割操作中，只能分割成两个表面，若需要把一个表面分成多个表面，则必须进行多次分割。对于圆柱面、圆锥面，如果要沿轴线进行分割，则应选择两条分割线。

5.6.2 连接面

连接面可以将实体上的两个或多个表面连接起来。

单击【特征】面组中的【连接面】按钮，或选择【菜单】|【插入】|【组合】|【连接面】命令，系统弹出如图 5-153 所示的【连接面】对话框。对话框中提供了两种表面连接方式：在【同一个曲面上】和【转换为 B 曲面】。在该对话框中选取一种需要的表面连接方式。

1. 在同一个曲面上

该连接方式是将多个分割的表面连接成一个表面。单击如图 5-153 所示的【连结面】对话框中的【在同一个曲面上】按钮，系统弹出如图 5-154 所示的【连结面】对话框。选择一个包含分割表面的实体或片体，即完成该实体或片体上所有分割表面的连接。

图 5-152 【分割面】对话框　　　　　　图 5-153 【连接面】对话框（一）

2. 转换为 B 曲面

该连接方式是将实体的多个分割表面连接成一个表面，并转换为 B 曲面类型。单击如图 5-153 所示的【连接面】对话框中的【转换为 B 曲面】按钮，系统弹出如图 5-154 所示的【连接面】对话框。选择多个分割的表面，单击【确定】按钮即可。

5.6.3 修剪体

修剪体是指通过实体表面或者基准面对目标实体进行必要的修剪，修剪后的实体仍保持参数化，并保留实体创建时的所有参数。裁剪面可以是平面，也可以是其他形式的曲面。

单击【特征】面组中的【修剪体】按钮，或选择【菜单】|【插入】|【修剪】|【修剪体】命令，系统弹出如图 5-155 所示的【修剪体】对话框。对实体进行修剪，关键是选取用来修剪实体的平面，可以是创建的新基准平面或曲面，也可以是系统默认的基准平面。单击【反向】按钮，可以切换修剪实体的方向。

5.6.4 拆分体

拆分体跟修剪体特征操作方法相似，只是它把实体分割成两个或多个部分。拆分体是指将目标实体通过实体表面、基准平面、片体或者定义的平面进行分割，删除实体原有的全部参数，得到的实体为非参数实体。拆分实体后实体中的参数全部移去，同时工程图中剖视图中的信息也会丢失，因此应谨慎使用。

单击【特征】面组中的【拆分体】按钮，或选择【菜单】|【插入】|【修剪】|【拆分体】命令，系统弹出如图 5-156 所示的【拆分体】对话框。选择拆分实体，然后选择拆分平面，其操作与修剪实体修剪面的选择相类似，确定拆分面后，便可完成拆分实体的操作，最后单击【确定】按钮即可。

图 5-154 【连接面】对话框（二）　　图 5-155 【修剪体】对话框　　图 5-156 【拆分体】对话框

5.7 特征的关联复制

特征的关联复制主要包括抽取几何特征、镜像特征、复合曲线、镜像体和阵列特征，其中阵列特征包括矩形阵列、环形阵列和图样面。特征的关联复制操作可以方便快捷地完成特征创建。

5.7.1 抽取几何特征

【抽取几何特征】命令可以从实体上抽取面、面区域和体三种类型特征。抽取特征操作可以充分利用现有实体来完成设计工作，并且通过抽取生成的特征同原特征具有相关性。

单击【特征】面组中的【抽取几何特征】按钮，或选择【菜单】|【插入】|【关联复制】|【抽取几何特征】命令，系统弹出如图 5-157 所示的【抽取几何特征】对话框。在该对话框中提供了多种类型的抽取工具，部分抽取工具介绍如下。

1. 面

类型下拉列表中选择【面】后，可以将选取的实体或片体表面提取为片体。在对话框中选择抽取对象类型和最终的表面类型后即可生成相应的片体。操作过程：选择需要抽取的一个或多个实体面或片体面，选择相关设置，单击【确定】按钮即可完成抽取工作。对话框中的【表面类型】有以下三种。

（1）与原先相同　用于抽取与原表面类型相同的表面。

（2）三次多项式　用此方式抽取的表面将转化为三次多项式类型。其特点是与原表面很接近但并不是原表面的完全复制，这种抽取表面还能够转换到其他 CAD、CAM 和 CAE 应用中。

（3）一般 B 曲面　用此方式抽取的表面将转化为一般 B 曲面类型。这种抽取表面是原表面的精确复制，但这种抽取表面很难转换到其他软件中。

2. 面区域

类型下拉列表中选择【面区域】后，【抽取几何特征】对话框如图 5-158 所示。可以将模型中在边界表面内，与种子表面有关的所有表面提取为片体。种子面是区域中的起始面，边界面是用来对选择的区域进行界定的一个或多个表面，即终止面。

图 5-157　【抽取几何特征】对话框（一）　　　　图 5-158　【抽取几何特征】对话框（二）

（1）【种子面】选项组　用于指定抽取区域的种子面。作为抽取区域时收集其他面的起始面。

（2）【边界面】选项组　用于指定抽取区域的边界面。作为抽取区域时收集其他面的边界，将经过种子面和边界面的所有面定义为抽取区域。

3. 体

类型下拉列表中选择【体】后，【抽取几何特征】对话框如图 5-159 所示。可以对选取的实体或片体进行复制操作，复制的对象和原对象是关联的。此类型的操作比较简单，选取抽取的实体,单击【确定】按钮即可。

4.复合曲线

复合曲线是通过复制其他曲线和实体边界来创建曲线。类型下拉列表中选择【复合曲线】后,【抽取几何特征】对话框如图 5-160 所示。选取曲线、实体的边缘或片体的边缘,单击【确定】按钮即可。

图 5-159 【抽取几何特征】对话框(三)　　图 5-160 【抽取几何特征】对话框(四)

5.7.2 阵列特征

阵列特征可以看作是一种特殊的复制方法,如果将创建好的特征模型进行阵列操作,可以快速建立同样形状的、多个、呈一定规律分布的特征。在 NX 建模过程中,利用阵列特征操作可以对实体进行多个成组的镜像或者复制,避免对单一实体的重复操作。

单击【特征】面组中的【阵列特征】按钮 ，或选择【菜单】|【插入】|【关联复制】|【阵列特征】命令,系统弹出如图 5-161 所示的【阵列特征】对话框。常用的阵列特征形式有线性、圆形、多边形、螺旋式、沿、常规和参考等多种,如图 5-162 所示。线性、圆形、常规三种形式是经常使用的,其他的三种形式应用不是很广泛,只在一些特定的环境下才能使用。多边形和螺旋式从名字就可以看出是按照螺旋式和多边形形式阵列,只要设置好相应的参数即可,在此不作为重点讲解。

图 5-161 【阵列特征】对话框

图 5-162 阵列形式实例

【要形成阵列的特征】选项组用于选择一个或多个要形成阵列的特征。【参考点】选项组可以通过【点】对话框或点下拉列表选择点作为输入特征指定位置参考点。

1．线性阵列

线性阵列功能可以将所有阵列实例呈直线或矩形排列。线性阵列既可以是二维的（在 XC 和 YC 方向上，即多行特征），也可以是一维的（在 XC 或 YC 方向上，即单行特征）。在【阵列定义】选项组下的【布局】下拉列表中选择【线性】后，【阵列特征】对话框如图 5-161 所示。对话框中部分选项功能说明如下。

（1）【方向 1】选项组　用于设置阵列第一方向的参数。线性阵列可以沿两个方向进行阵列，根据实际情况，选择【方向 2】，默认只启用【方向 1】。【指定矢量】选项用于设置第一方向的矢量方向。

（2）【方向 2】选项组　用于设置阵列第二方向的参数。

（3）【间距】下拉列表　用于指定间距方式。【间距】下拉列表中有【数量和间隔】、【数量和跨距】、【节距和跨距】和【列表】等几个选项。【数量和间隔】用于指定个数和每两个对象之间距离；【数量和跨距】用于指定个数以及第一个对象和最后一个对象之间的距离；【节距和跨距】用于指定两个对象之间距离以及第一个和最后一个之间距离；【列表】通过添加集的形式控制每两个对象之间距离。

（4）【边界定义】选项组　【边界】下拉列表中有【无】、【面】、【曲线】和【排除】四个选项。其中【无】选项表示不定义边界；【面】选项用于选择面的边、片体边或区域边界曲线来定义阵列边界；【曲线】选项用于通过选择一组曲线或创建草图来定义阵列边界；【排除】选项用于通过选择曲线或创建草图来定义从阵列中排除的区域。

（5）【对称】复选框

选中【对称】复选框可以选择对象为边界进行两个方向阵列。该功能用于确定某些图纸中的基准位置，这种对称标注、对称阵列对这种图形十分有效果。

2．圆形阵列

圆形阵列常用于环体、盘类零件上重复性特征的创建，该操作用于以环形阵列的形式来复制所选的实体特征，阵列后的特征呈圆周排列。

在【阵列定义】选项组下的【布局】下拉列表中选择【圆形】后，【阵列特征】对话框如图 5-163 所示。【数量】文本框用于输入阵列中成员特征的总数目，【节距角】文本框用于输入相邻两成员特征之间的环绕间隔角度。

3．其他阵列方式

【多边形】选项将一个或多个选定特征按照绘制好的多边形图样生成阵列；【螺旋式】选项将一个或多个选定特征按照绘制好的螺旋线图样生成阵列；【沿】选项将一个或多个选定特征按照绘制好的曲线图样生成阵列；【常规】选项将一个或多个选定特征在指定点处生成阵列。

5.7.3 阵列面

【阵列面】命令可以复制矩形阵列、圆形阵列中的一组面，或镜像一组面，并将其添加到体。单击【特征】面组中的【阵列面】按钮，或选择【菜单】|【插入】|【关联复制】|【阵列面】命令，系统弹出如图 5-164 所示的【阵列面】对话框。【阵列面】对话框与【阵列特征】对话框基本相似，这里不再讲解。

图 5-163　【阵列特征】对话框

图 5-164　【阵列面】对话框

5.7.4 镜像特征

镜像特征操作通过指定需要镜像的特征和基准面或平面建立对称特征，镜像特征也能够建立在一实体内部。单击【特征】面组中的【镜像特征】按钮，或选择【菜单】|【插入】|【关联复制】|【镜像特征】命令，系统弹出如图 5-165 所示的【镜像特征】对话框。选取需要镜像的特征，单击鼠标中键，再选取镜像面，单击【确定】按钮即可。

【要镜像的特征】选项组用于选择想要进行镜像的部件中的特征；【参考点】选项组通过【点】对话框或点下拉列表选择点作为输入特征指定位置参考点；【镜像平面】选项组用于指定镜像选定特征所用的平面或基准平面。【源特征的可重用引用】选项组可将已经选择的特征显示在列表框中，以重复选择使用。

5.7.5 镜像几何体

镜像几何体操作通过指定需要镜像的特征和基准面建立对称体。单击【特征】面组中的【镜像几何体】按钮，或选择【菜单】|【插入】|【关联复制】|【镜像几何体】命令，系统弹出如图 5-166 所示的【镜像几何体】对话框。

图 5-165 【镜像特征】对话框　　　　图 5-166 【镜像几何体】对话框

【要镜像的几何体】选项组用于选择想要进行镜像的部件中的特征；【镜像平面】选项组用于指定镜像选定特征所用的平面或基准平面；【复制螺纹】复选框用于复制符号螺纹，不需要重新创建与源体相同外观的其他符号螺纹。选取需要镜像的实体，单击鼠标中键，再选取镜像面，单击【确定】按钮即可。

注意： 镜像体不具有自己的参数，它随原实体特征参数的改变而改变。对称平面只能是基准平面。

5.8 特征编辑

特征编辑是指在特征建立后为了能快速对其进行修改而采用的操作命令。不同的特征有不同的编辑对话框。特征编辑的种类有编辑特征参数、编辑位置、移动特征、特征重排序、替换特征等。【编辑特征】面组如图 5-167 所示。

图 5-167 【编辑特征】面组

5.8.1 编辑特征参数

【编辑特征参数】命令允许重新定义任何参数化特征的参数值,并使模型更新以显示所做的修改。此外,该命令还允许改变特征放置面和修改特征类型。编辑特征参数的操作方法很多,最简单的是直接双击目标体。当模型中有多个特征时,单击【编辑特征】面组中的【编辑特征参数】按钮,或选择【菜单】|【编辑】|【特征】|【编辑参数】命令,系统弹出如图 5-168 所示的【编辑参数】对话框。该对话框包括了当前各种特征的名称,既可以直接选择要编辑参数的特征,也可以在对话框的特征列表框中选择要编辑参数的特征名称,单击【确定】按钮,即可弹出相应的对话框进行特征编辑,随选择特征的不同,弹出的【编辑参数】对话框形式也不一样。

1. 修改特征参数

通过在特征对话框中重新定义特征的参数,可以生成新特征。选取需要编辑的特征,单击【确定】按钮,系统会弹出相应的特征对话框,然后重新设置特征参数即可。

2. 重新附着

重新附着操作通过重新指定所需特征的附着平面,从而改变特征生成的位置方向,包括绘制平面、特征放置面、特征位置参照的附着元素等。

在如图 5-168 所示的【编辑参数】对话框中选择要编辑的孔特征,单击【确定】按钮,系统弹出如图 5-169 所示的【编辑参数】对话框。单击【重新附着】按钮,系统弹出如图 5-170 所示的【重新附着】对话框。要进行重新附着操作,单击【指定目标放置面】按钮,选取放置面,然后单击【重新定义定位尺寸】按钮,并依次选取位置参照定义新的尺寸,最后连续单击【确定】按钮即可。

注意:如果编辑的特征之间存在父子关系,改变一个父特征,其子特征也会随着相应改变。

3. 更改类型

更改类型操作主要用来改变所选特征的类型,它可以将孔或槽特征改变成其他类型的孔和槽特征。

在如图 5-168 所示的【编辑参数】对话框中选择【简单孔(2)】特征,单击【确定】按钮,系统弹出如图 5-169 所示的【编辑参数】对话框。单击【更改类型】按钮,系统弹出如图 5-171 所示的【编辑参数】对话框。选择所需要的类型,则所选特征的类型改变为新的类型。

图 5-168 【编辑参数】对话框(一)　　图 5-169 【编辑参数】对话框(二)　　图 5-170 【重新附着】对话框

4. 圆角和倒角编辑

圆角和倒角编辑操作用于对未倒角的边缘添加圆角或倒角、移除或替换已倒角的边缘，仅适用于边倒角形成的特征。在【编辑参数】对话框中选择圆角和倒角的特征，单击【确定】按钮，系统弹出【边倒圆】对话框。输入新的半径，单击【确定】按钮即可创建新的圆角。

5. 编辑阵列特征

阵列特征编辑主要用于编辑阵列或者镜像的阵列特征，选择不同的阵列方式，系统将弹出相应的对话框。修改阵列和镜像参数与阵列和镜像操作相似。

5.8.2 可回滚编辑

可回滚编辑是指临时退回到特征之前的模型状态，以编辑该特征。单击【编辑特征】面组中的【可回滚编辑】按钮，或选择【菜单】|【编辑】|【特征】|【可回滚编辑】命令，系统弹出如图 5-172 所示的【可回滚编辑】对话框。选择要编辑的特征，单击【确定】按钮，系统将会弹出相应的【编辑参数】对话框，同时，模型退回到特征之前的模型状态。

5.8.3 编辑位置

【编辑位置】命令可以通过编辑定位尺寸值来移动特征，也可以为那些在创建特征时没有指定定位尺寸或定位尺寸不全的特征添加定位尺寸，此外，还可以直接删除定位尺寸。单击【编辑特征】面组中的【编辑位置】按钮，或选择【菜单】|【编辑】|【特征】|【编辑位置】命令，系统弹出如图 5-173 所示的【编辑位置】对话框。选取需要编辑位置的特征，单击【确定】按钮，系统弹出如图 5-174 所示的【编辑位置】对话框。在该对话框中有三种位置编辑方式，介绍如下。

图 5-171 【编辑参数】对话框（三）　　图 5-172 【可回滚编辑】对话框　　图 5-173 【编辑位置】对话框（一）

1. 添加尺寸

该方式可以在所选择的特征和相关实体之间添加定位尺寸，主要用于未定位的特征和定位尺寸不全的特征。单击【添加尺寸】按钮，系统弹出【定位】对话框，这时可以添加相应的定位尺寸。

2. 编辑尺寸值

该方式主要用来修改已经存在的尺寸参数。单击【编辑尺寸值】按钮，系统弹出如图 5-175 所示的【编辑位置】对话框，并在绘图区中显示特征定位尺寸值。选取需要修改的定位尺寸，系统弹出如图 5-176 所示的【编辑表达式】对话框。在文本框中输入新的定位尺寸，单击【确定】按钮即可。

图 5-174 【编辑位置】对话框（二）　　图 5-175 【编辑位置】对话框（三）　　图 5-176 【编辑表达式】对话框

3. 删除尺寸

该方式用于删除所选特征指定的定位尺寸。单击【删除尺寸】按钮，系统弹出如图 5-177 所示的【移除定位】对话框，并在绘图区中显示特征定位尺寸值。选取需要删除的定位尺寸，连续单击【确定】按钮即可。

5.8.4 移动特征

移动特征是指将非关联的特征移动到所需位置，它的应用主要包括两个方面：第一，可以将没有任何定位的特征移动到指定位置；第二，对于有定位尺寸的特征，可以利用编辑位置尺寸的方法移动特征。

单击【编辑特征】面组中的【移动特征】按钮，或选择【菜单】|【编辑】|【特征】|【移动特征】命令，系统弹出如图 5-178 所示的【移动特征】对话框。选取需要移动的特征，单击【确定】按钮，系统弹出如图 5-179 所示的【移动特征】对话框。在该对话框中包括了四种移动特征的方式，介绍如下。

图 5-177 【移除定位】对话框　　图 5-178 【移动特征】对话框（一）　　图 5-179 【移动特征】对话框（二）

1.【DXC】、【DYC】与【DZC】文本框

【DXC】、【DYC】和【DZC】文本框用于设置所选特征沿 X、Y、Z 方向移动的增量值。

2.【至一点】按钮

用于将所选取的特征从原位置向目标点所确定的方向与距离移动，单击【至一点】按钮，系统弹出【点】对话框，首先指定参考点的位置，再指定目标点的位置，即可完成移动。

3.【在两轴间旋转】按钮

用于将所选取的实体以一定角度绕指定点从参考轴旋转到目标轴，单击【在两轴间旋转】按钮，系统弹出【点】对话框。指定一点后，系统弹出【矢量】对话框，构造一矢量作为参考轴，再构造另一矢量作为目标轴即可。

4.【坐标系到坐标系】按钮

用于将所选取的特征从参考坐标系中的相对位置移动到目标坐标系中的同一位置。单击【坐标系到坐标系】按钮，系统弹出【坐标系】对话框，构造一坐标系作为参考坐标系，再构造另一坐标系作为目标坐标系即可。

5.8.5 特征重排序

特征重排序是指通过更改模型上特征创建的顺序来编辑模型。由于各个特征的创建顺序不同，重排序后的特征会显示不同的效果。一个特征可以排序在所选的特征之前或之后。值得注意的是，有父子关系和依赖关系的特征不允许进行特征重排序操作。

单击【编辑特征】面组中的【特征重排序】按钮，或选择【菜单】|【编辑】|【特征】|【特征重排序】命令，系统弹出如图 5-180 所示的【特征重排序】对话框。该对话框包括了三部分：【特征】列表框、【选择方法】选项组和【重定位特征】列表框。特征列表框显示所有的特征，可以选择重排序的基准特征。选择方法有两种：【之前】和【之后】。【重定位特征】列表框显示要重排序的特征。

特征重新排序时，首先在特征列表框中选择需要排序的基准特征，同时在【重定位特征】列表框中，列出可调整顺序的特征。选择排序方法，然后从【重定位特征】列表框中选择一个要重新排序特征，单击【确定】或【应用】按钮，则将所选特征重新排到基准特征之前或之后。

5.8.6 抑制和取消抑制特征

抑制特征是指从实体模型上临时移除一个或多个特征，即取消它们显示。此时，被抑制特征及其子特征前面的绿勾消失。

单击【编辑特征】面组中的【抑制特征】按钮，或选择【菜单】|【编辑】|【特征】|【抑制】命令，系统弹出如图 5-181 所示的【抑制特征】对话框。在【过滤】列表框中选择要抑制的特征，【选定的特征】列表框中将显示要抑制的特征，单击【确定】或【应用】按钮即可。

如果取消特征的抑制，可单击【编辑特征】面组中的【取消抑制特征】按钮，系统弹出如图 5-182 所示的【取消抑制特征】对话框。取消抑制特征操作与抑制特征操作基本一样。

5.8.7 移除参数

移除特征参数操作用于移去特征的一个或者所有参数。单击【编辑特征】面组中的【移除参数】按钮，或选择【菜单】|【编辑】|【特征】|【移除参数】命令，系统弹出如图 5-183 所示的【移除参数】对话框。选择要移除参数的对象，单击【确定】按钮，系统弹出如图 5-184 所示的警告信息框，提示该操作将移除所选实体的所有特征参数。若单击【是】按钮，则移去全部特征参数；若单击【否】按钮，则取消移除操作。

第5章 零件设计

图 5-180 【特征重排序】对话框

图 5-181 【抑制特征】对话框

图 5-182 【取消抑制特征】对话框

图 5-183 【移除参数】对话框

图 5-184 警告信息框

5.9 综合应用实例

5.9.1 综合实例1

5-12 综合实例1

创建如图 5-185 所示的图形模型，创建过程如下。

图 5-185 综合实例1图

1）单击【快速访问】工具条中的【新建】按钮，系统弹出【新建】对话框。输入文件名称，设置文件位置，单击【确定】按钮。

2）单击【特征】面组中的【拉伸】按钮，系统弹出【拉伸】对话框。单击【截面线】选项组中的【绘制截面】按钮，系统弹出【创建草图】对话框。单击【确定】按钮，系统进入草图环境，绘制如图 5-186 所示的草图。单击【草图】面组中的【完成】按钮，系统返回到如图 5-187 所示的【拉伸】对话框。【结束】下拉列表中选择【值】，【距离】文本框中输入"10"，单击【应用】按钮。

图 5-186　绘制的草图（一）　　　　　图 5-187　【拉伸】对话框

3）此时系统并没有退出【拉伸】对话框，单击【截面线】选项组中的【绘制截面】按钮，系统弹出【创建草图】对话框。选取如图 5-188 所示的实体表面，注意观察 X 轴的方向，单击【确定】按钮，系统进入草图环境，绘制如图 5-189 所示的草图，单击【草图】面组中的【完成】按钮，系统返回到【拉伸】对话框。【结束】下拉列表中选择【值】，【距离】文本框中输入"25"，【布尔】下拉列表中选择【合并】，单击【确定】按钮，结果如图 5-190 所示。

图 5-188　选取的实体表面（一）　　　　图 5-189　绘制的草图（二）

4）选择【菜单】|【插入】|【设计特征】|【筋板】命令，系统弹出如图 5-191 所示的【筋板】对话框。单击【截面线】选项组中的【绘制截面】按钮，系统弹出【创建草图】对话框。选择如图 5-192 所示的 XZ 平面，单击【确定】按钮，系统进入草图环境，绘制如

图 5-193 所示的草图，单击【草图】面组中的【完成】按钮，系统返回到【筋板】对话框。【壁】选项组选择【平行于剖切平面】选项，【尺寸】下拉列表中选择【对称】，【厚度】文本框中输入"8"，单击【确定】按钮，结果如图 5-194 所示。

图 5-190　拉伸所得模型　　　　　　　图 5-191　【筋板】对话框

图 5-192　选择 XZ 平面　　　　　　　图 5-193　绘制的草图（三）

5）单击【特征】面组中的【镜像特征】按钮，或选择【菜单】|【插入】|【关联复制】|【镜像特征】命令，系统弹出如图 5-195 所示的【镜像特征】对话框。选取步骤 4）创建的筋板特征，单击【镜像平面】选项组中的【指定平面】，然后选择 YZ 平面，单击【确定】按钮，结果如图 5-196 所示。

图 5-194　创建筋板后的模型　　　　　图 5-195　【镜像特征】对话框

6)单击【特征】面组中的【边倒圆】按钮，或选择【菜单】|【插入】|【细节特征】|【边倒圆】命令，系统弹出【边倒圆】对话框。【半径】文本框中输入"6"，选取如图 5-197 所示的实体边缘，单击【确定】按钮。

图 5-196 镜像后的模型　　　　　　图 5-197 选取的实体边缘（一）

7)选择【菜单】|【插入】|【细节特征】|【NX 5 之前版本的孔】命令，系统弹出如图 5-198 所示的【孔】对话框。【类型】选择【简单】，选择如图 5-199 所示的实体表面，然后再选取如图 5-200 所示的实体表面，单击【确定】按钮，系统弹出如图 5-201 所示的【定位】对话框。单击【点落在点上】按钮，系统弹出如图 5-202 所示的【点落在点上】对话框。选取如图 5-203 所示的实体边缘，系统弹出如图 5-204 所示的【设置圆弧的位置】对话框。单击【圆弧中心】按钮。

图 5-198 【孔】对话框　　　　　　图 5-199 选取的实体表面（二）

图 5-200 选取的实体表面（三）　　　图 5-201 【定位】对话框

图 5-202 【点落在点上】对话框　　　　图 5-203　选取的实体边缘（二）

8）单击【特征】面组中的【阵列特征】按钮，或选择【菜单】|【插入】|【关联复制】|【阵列特征】命令，系统弹出如图 5-205 所示的【阵列特征】对话框。选择步骤 7）创建的孔，【布局】下拉列表中选择【线性】；单击【方向 1】选项组中的【指定矢量】，然后选择步骤 2）创建的长方体的长边，此时要注意箭头方向，如果方向不对，可以单击【反向】按钮改变阵列方向，【间距】下拉列表中选择【数量和间隔】，【数量】文本框中输入"2"，【节距】文本框中输入"68"；选中【使用方向 2】复选框，单击【指定矢量】，然后选择步骤 2）创建的长方体的短边，此时要注意箭头方向，如果方向不对，可以单击【反向】按钮改变阵列方向，【间距】下拉列表中选择【数量和间隔】，【数量】文本框中输入"2"，【节距】文本框中输入"28"，单击【确定】按钮，结果如图 5-206 所示。

图 5-204　【设置圆弧的位置】　图 5-205　【阵列特征】　图 5-206　阵列后的模型
　　　　　对话框　　　　　　　　　　　对话框

9）单击【特征】面组中的【拉伸】按钮，系统弹出【拉伸】对话框。单击【截面线】选项组中的【绘制截面】按钮，系统弹出【创建草图】对话框。选取如图 5-207 所示的实体表面，单击【确定】按钮，系统进入草图环境，绘制如图 5-208 所示的草图。单击【草图】面组中的【完成】按钮，系统返回到【拉伸】对话框。单击【方向】选项组中的【反向】按钮，【结束】下拉列表中选择【值】，【距离】文本框中输入"5"，【布尔】下拉列表中选择【减去】，单击【确定】按钮，结果如图 5-209 所示。

10）单击【特征】面组的【孔】按钮，或选择【菜单】|【插入】|【设计特征】|【孔】命令，系统弹出如图 5-210 所示的【孔】对话框。孔类型下拉列表中选择【常规孔】，单

击【位置】选项组中的【绘制截面】按钮，系统弹出【创建草图】对话框。选取如图 5-211 所示的实体表面，单击【确定】按钮，系统进入草图环境，绘制如图 5-212 所示的草图，草图中只有一个点，即孔的位置。单击【草图】面组中的【完成】按钮，系统返回到【孔】对话框。【孔方向】下拉列表中选择【沿矢量】，【成形】下拉列表中选择【简单孔】，【直径】文本框中输入"6"，【深度限制】下拉列表中选择【贯通体】，【布尔】下拉列表中选择【减去】，单击【确定】按钮，结果如图 5-213 所示。

图 5-207 选取的实体表面（三）

图 5-208 绘制的草图（四）

图 5-209 拉伸切除后的模型

图 5-210 【孔】对话框

图 5-211 选取的实体表面（四）

图 5-212 绘制的草图（五）

图 5-213 综合实例 1 模型

5.9.2 综合实例2

创建如图5-214所示的图形模型，创建过程如下。

5-13 综合实例2

图 5-214 综合实例2图

1) 单击【快速访问】工具条中的【新建】按钮，系统弹出【新建】对话框。输入文件名称，设置文件位置，单击【确定】按钮。

2) 通过层设置，设置第31层为工作层，61层为可选层，其他层为不可见层。

3) 单击【特征】面组中的【拉伸】按钮，系统弹出【拉伸】对话框。单击【截面线】选项组中的【绘制截面】按钮，系统弹出【创建草图】对话框。单击【确定】按钮，系统进入草图环境，绘制如图5-215所示的草图。单击【草图】面组中的【完成】按钮，系统返回到【拉伸】对话框。【结束】下拉列表中选择【对称值】，【距离】文本框中输入"42"，单击【确定】按钮，结果如图5-216所示。

图 5-215 绘制的草图（一）

图 5-216 拉伸后的模型（一）

4) 通过层设置，设置第11层为工作层，31层和61层为可选层，其他层为不可见层。

5) 单击【主页】选项卡【直接草图】面组中的【草图】按钮，系统弹出【创建草图】对话框。选择YZ平面为草图平面，单击【确定】按钮，进入草图环境。绘制如图5-217

所示的草图，单击【直接草图】面组中的【完成草图】按钮，系统返回到建模环境。

6）通过层设置，设置第 31 层为工作层，11 层和 61 层为可选层，其他层为不可见层。

7）选择步骤 5）绘制的草图，单击【特征】面组中的【拉伸】按钮，系统弹出如图 5-218 所示的【拉伸】对话框。【开始】下拉列表中选择【直至选定】，选择步骤 3）创建的实体；【结束】下拉列表中选择【值】，【距离】文本框中输入"67"；【布尔】下拉列表中选择【合并】；单击【应用】按钮，完成拉伸，但是此时没有退出【拉伸】对话框。选择步骤 5）绘制的草图，【开始】下拉列表中选择【直至选定】，选择步骤 3）创建的实体；【结束】下拉列表中选择【值】，【距离】文本框中输入"-88"；【布尔】下拉列表中选择【合并】；单击【确定】按钮，结果如图 5-219 所示。

图 5-217　绘制的草图（二）

图 5-218　【拉伸】对话框

8）通过层设置，设置第 12 层为工作层，31 层和 61 层为可选层，其他层为不可见层。

9）单击【主页】选项卡【直接草图】面组中的【草图】按钮，系统弹出【创建草图】对话框。选择 XY 平面为草图平面，单击【确定】按钮，进入草图环境。绘制如图 5-220 所示的草图，单击【直接草图】面组中的【完成草图】按钮，系统返回到建模环境。

图 5-219　拉伸后的模型（二）

图 5-220　绘制的草图（三）

10）通过层设置，设置第 31 层为工作层，12 层和 61 层为可选层，其他层为不可见层。

第5章 零件设计

11）选择步骤9）绘制的草图，单击【特征】面组中的【拉伸】按钮，系统弹出【拉伸】对话框。【开始】下拉列表中选择【值】，【距离】文本框中输入"22"；【结束】下拉列表中选择【值】，【距离】文本框中输入"30"；【布尔】下拉列表中选择【合并】；单击【应用】按钮，完成拉伸，但是此时没有退出【拉伸】对话框。【开始】下拉列表中选择【值】，【距离】文本框中输入"-22"；【结束】下拉列表中选择【值】，【距离】文本框中输入"-30"；【布尔】下拉列表中选择【合并】；单击【确定】按钮，结果如图5-221所示。

12）通过层设置，设置第31层为工作层，61层为可选层，其他层为不可见层。

13）单击【特征】面组中的【拉伸】按钮，系统弹出【拉伸】对话框。单击【截面线】选项组中的【绘制截面】按钮，系统弹出【创建草图】对话框。选择XZ平面为草图平面，单击【确定】按钮，系统进入草图环境，绘制如图5-222所示的草图。单击【草图】面组中的【完成】按钮，系统返回到【拉伸】对话框。【开始】下拉列表中选择【直至选定】，选择步骤3）创建的实体；【结束】下拉列表中选择【值】，【距离】文本框中输入"-62"，【布尔】下拉列表中选择【合并】，单击【确定】按钮，结果如图5-223所示。

图5-221 拉伸后的模型（三）

图5-222 绘制的草图（四）

14）通过层设置，设置第31层为工作层，61层为可选层，其他层为不可见层。

15）单击【特征】面组中的【拉伸】按钮，系统弹出【拉伸】对话框。单击【截面线】选项组中的【绘制截面】按钮，系统弹出【创建草图】对话框。选择XZ平面为草图平面，单击【确定】按钮，系统进入草图环境，绘制如图5-224所示的草图。单击【草图】面组中的【完成】按钮，系统返回到【拉伸】对话框。单击【方向】选项组中的【反向】按钮，【开始】下拉列表中选择【值】，【距离】文本框中输入"0"；【结束】下拉列表中选择【贯通】，【布尔】下拉列表中选择【减去】，单击【确定】按钮，结果如图5-225所示。

图5-223 拉伸后的模型（四）

图5-224 绘制的草图（五）

图5-225 拉伸后的模型（五）

5.10 思考与练习题

1. NX 的特征建模有什么特点？
2. NX 共有哪几种倒圆操作？有何区别？
3. 成形特征有哪些？
4. 列举几种特征定位时的定位方法。
5. 用于创建各类扫掠特征的命令有哪些？
6. 什么是布尔运算？布尔运算主要包括哪些典型操作？
7. 关联复制主要包含哪些命令？
8. 创建如图 5-226～图 5-230 所示的三维模型。

图 5-226　练习题 1

图 5-227　练习题 2

第5章 零件设计

图 5-228 练习题 3

图 5-229 练习题 4

图 5-230 练习题 5

第6章 曲面设计

NX 不仅提供了基本的特征建模，同时还提供了强大的自由曲面特征建模及相应的编辑和操作功能。NX 中提供了 20 多种自由曲面造型的创建方式，用户可以利用它们完成各种复杂曲面及非规律实体的创建，以及相应的编辑工作。

6.1 曲面基础知识

6.1.1 曲面的基本概念及分类

曲面的概念是相对于实体而言的，它同实体有着本质的区别。曲面本身没有厚度和质量，是一种面和面的组合特征；而实体却是具有一定质量和体积的实体性几何特征。在 NX 中的曲面特征模块，主要用于构造通过标准特征建模方法所无法创建的复杂形状，它可以生成曲面，也可以生成实体。

通常，定义曲面特征可以采用点、线、片体或实体的边界和表面。根据其创建方法的不同，曲面可以分为多种类型。两种最常见的曲面类型介绍如下。

（1）基于曲线的曲面　可以分为直纹面、通过曲线、过曲线网格、扫描和截面体。

（2）基于片体的曲面　可以分为延伸片体、桥接片体、增厚片体、面圆角、软圆角、偏置面。

曲面还可以分为参数化的曲面和非参数化的曲面。

1）参数化的曲面：全相关、全参数化。这类曲面的特征为都是由曲线生成，曲面与曲线相关。建议在特征树中进行编辑。

2）非参数化的曲面：用【编辑】|【曲面】和【变换】等编辑命令由曲面和点生成的曲面大多为非参数化的，但是也可以用自由曲面特征的编辑命令来修改曲面的形状。

6.1.2 NX 的曲面常见的术语

在创建曲面的过程中，会出现许多专业性概念及术语，为了准确地创建自由曲面，有必要了解这些术语的定义及功能。

1. 曲面和片体

片体是相对实体而言，它只有表面，没有体积，并且每一个片体都是独立的几何体，可以包含一个特征，也可以包含多个特征。一个曲面可以包含一个或多个片体。在 NX 中任何片体、片体的组合以及实体的表面都是曲面。

（1）曲面的 U、V 向　作为平面有 x、y 坐标，作为曲面，为了更好地表达曲面的形状，用行和列来表示，行 Row 为 U 向，列 Column 为 V 向，其组成的 U、V 方向的曲线可以称为等参数线或栅格曲线，可以通过主菜单的【首选项】来设置。

（2）曲面的阶次 单一样条曲线有阶数 Degree，曲面阶数有 U 向和 V 向阶数之分，每个方向可以为 1~24 阶。通常曲线阶数≤3，当曲面曲率连续时，可以考虑使用五阶曲线。

（3）补片类型 片体是由补片构成的，根据补片的数量可分为单补片和多补片两种类型。单补片是指建立的片体包含一个单一的补片，而多补片是一系列单补片的阵列。补片越多，越能在更小的范围内控制片体的曲率半径。一般情况下，应尽量减少补片的数量，以使所创建的曲面更光滑。

2. 公差

构建曲面是一种逼近方法，误差是不可避免的。公差分为距离公差（Distance Tolerances）和角度公差（Angle Tolerances）。公差是理论曲面与实际曲面的最大偏差。当发现生成的曲面数据太大或时间过长时，一般来说就是误差太小的缘故。用【首选项】|【建模】命令设置。

3. 曲面的构造结果

在创建自由曲面时，通过参数设置，可以产生不同的曲面构造结构。选择【菜单】|【首选项】|【建模】命令，系统弹出如图 6-1 所示的【建模首选项】对话框。单击【自由曲面】选项卡，在对话框中设置生成曲面的参数。

6.1.3 曲面造型方法

在工程设计软件中，曲面概念是一个广义的范畴，包含曲面体、曲面片以及实体表面和其他自由曲面等。在计算机辅助绘图过程中，曲面是通过指定内部和外部边界曲线进行创建

图 6-1 【建模首选项】对话框

的，而曲线的创建又是通过单个或多个点作为参照而获得的。因此，可以说曲面是由点、线和面构成的。

1. 点表示曲面

这种由点生成的曲面是非参数化的，即生成的曲面与原始构造点不关联。例如，最常见的极点和点云，当构造点编辑后，曲面不会产生关联性更新变化，因此这类方法尽可能不使用。

2. 线表示曲面

线框造型具有结构简单、易于理解、数据存储量少、操作灵活和响应速度快的特点，是进一步构造曲面造型和实体造型的基础，但是通过线框造型所建立起来的模型不是实体，只能表达基本的几何信息，不能有效地表达几何数据间的拓扑关系，也不能直接对图形进行剖切、消隐、明暗处理、着色、物理分析、干涉检测等操作。

线框造型可以通过绘图来生成，也可通过已生成的曲面造型和实体造型来自动生成。在工业造型中，线框造型是经常用到的，例如，在进行线切割时，必须知道所切割的产品的外形轮廓，这时往往使用线框造型来表现。

3. 曲面片体构成曲面

曲面片体构成曲面又称派生曲面构造方法，是用曲面来表达物体形状的主要造型方法。与线框造型相比，曲面造型增加了有关边信息以及表面特征、棱边的连接方向等内容，可进

行面与面求交、消隐、明暗处理和渲染等操作。

该方法对于特别复杂的曲面非常有用。特别复杂的曲面仅仅利用基于曲线的构造方法有时难以完成，此时，要借助于基于曲面片体的构造方法才能完成。使用片体可构建参数化曲面，曲面造型的方法主要有平面、拉伸曲面、旋转曲面、扫描曲面和边界曲面等。

6.1.4 自由曲面建模的基本原则

构造曲面的边界曲线应尽可能简单并要保证光滑连续，避免产生尖角、交叉和重叠；曲率半径尽可能大些，否则会造成加工困难；构造的自由曲面的阶数≤3，最好不要使用高阶的自由曲面；避免构造非参数化的曲面；如果是测量的数据点，则应先由点生成曲线，再用曲线构造曲面。

NX 不仅提供了基本的特征建模模块，同时还提供了自由曲面的特征建模模块和自由曲面编辑模块及自由曲面变换模块。通过自由曲面的特征建模模块可以方便地生成曲面片体或实体模型；通过自由曲面编辑模块和自由曲面变换模块可以实现对自由曲面的各种编辑修改操作。

6.1.5 曲面造型设计的基本技巧

在进行产品实体造型设计中，许多产品的外观形状多由自由曲线、曲面组成，其共同点是必须保证曲面光顺。曲面光顺从直观上可以理解为保证曲面光滑而且圆顺，不会引起视觉上的凹凸感。从理论上是指具有二阶几何连续，不存在奇点与多余拐点，曲率变化较小以及应变较小等特点。要保证构造出来的曲面既光顺又能满足一定的精度要求，就必须掌握一定的曲面造型技巧。

1．化整为零，各个击破

用一张曲面去描述一个复杂的产品外形是不切实际和不可行的，这样构造的曲面往往会不够光顺，产生大的变形。这时可根据应用软件的曲面造型方法，结合产品的外形情况，将其划分为多个区域来构造多张曲面，然后将其缝合，或用过渡面与其连接。

UG NX 系统中创建的曲面大多是定义在四边形域上，因此，在划分区域时，应尽量将各个子域定义在四边形域内，即每个子面片都具有四条边。而在某一边退化为点时即构成三角形域，这样构造的曲面也不会在该点处产生大的变形。

2．建立光顺的曲面片控制线

曲面的品质与生成它的曲线及控制曲线有着密切的关系。因此，要保证光顺的曲面，必须有光顺的控制线。要保证曲线的品质主要考虑三点。首先必须满足精度要求，其次为创建光滑的曲面效果，在创建曲线时，曲率主方向尽可能一致，最后曲线曲率要大于将作圆角过渡的半径值。

在建立曲线时，利用投影、插补、光顺等手段生成样条曲线，然后通过其曲率图的显示来调整曲线段的函数次数、迭代次数、曲线段数量、起点及终点结束条件、样条刚度参数值等，交互式地实现曲线的修改，达到光顺的效果。有时通过线束或其他方式生成的曲面会发生较大的波动，往往是因为构造的样条曲线的 U、V 参数分布不均或段数参差不齐所引起。这时可对这些空间曲线进行参数一致性调整，或生成足够数目的曲线上的点，再通过这些点重新拟合曲线。

在曲面片之间实现光滑连接时,首先要保证各连接片间具有公共边,更重要的一点是要保证各曲面片的控制线连接要光滑,这是保证曲面片连接光顺的必要条件。可通过修改控制线的起点、终点约束条件,使其曲率或切向矢量在接点处保持一致。

3. 将轮廓线"删繁就简"再构造曲面

产品造型曲面轮廓往往是已经修剪过的,如果直接利用这些轮廓线来构造曲面,常常难以保证曲面的光顺性,所以造型时在满足零件几何特点的前提下,可利用延伸、投影等方法将三维轮廓线还原为二维轮廓线,并去掉细节部分,然后构造出"原始"曲面,再利用面的修剪方法获得曲面外轮廓。

4. 曲面光顺评估

在构造曲面时,要检查所构建曲面的状态,注意检查曲面是否光顺、是否扭曲、曲率变化情况等,以便及时修改。检查曲面光顺的方法如下。将构成的曲面进行渲染处理,即通过透视、透明度和多重光源等处理手段,产生高清晰度的逼真性和观察性良好的彩色图像,再根据处理后的图像光亮度的分布规律来判断曲面的光顺度。图像的明暗度变化比较均匀,则曲面光顺度好;如果图像在某区域的明暗度与其他区域相比变化较大,则曲面光顺度差。

另外,可显示曲面上的等高斯曲率线,进而显示高斯曲率的彩色光栅图像,从等高斯曲率线的形状与分布、彩色光栅图像的明暗区域及变化,可直观地了解曲面的光顺情况。

6.1.6 曲面工具

曲面造型特征包括多种特征创建方式,可以完成各种复杂曲面、片体、非规则实体的创建。

通过选择【菜单】|【插入】|【曲面】可打开如图 6-2 所示的菜单,菜单中的命令大部分都能在如图 6-3 所示的【曲面】选项卡中的【曲面】面组中找到。

图 6-2 【曲面】菜单　　图 6-3 【曲面】面组

6.2 由曲线构造曲面

在 NX 中,除了用草图中的曲线通过拉伸、旋转等操作构造曲面外,还可以将曲线轮廓通过直纹面、曲线组、曲线网格、扫描以及截面体等工具构造曲面。此类曲面至少需要两条构造线，并且生成的曲面与曲线之间具有关联性，即对曲线进行编辑后曲面也将随之改变。

6.2.1 有界平面

有界平面是指由实体的边界或封闭的曲线生成的片体。单击【曲面】面组中的【有界平面】按钮，或者选择【菜单】|【插入】|【曲面】|【有界平面】命令，系统弹出如图 6-4 所示的【有界平面】对话框。根据需要先选择共面的封闭曲线、实体边缘或实体面，再单击对话框中的【确定】按钮即可。

为了创建平面片体，必须建立边界（如果需要也可以建立内边界），选择的边界几何体可包含一个或多个对象，对象可以是曲线、实体边缘、曲面的边缘或实体面。

6-1 曲线成片体

6.2.2 曲线成片体

通过曲线成片体的操作可以将曲线转化为片体。单击【曲面】面组中的【曲线成片体】按钮，或者选择【菜单】|【插入】|【曲面】|【曲线成片体】命令，系统弹出如图 6-5 所示的【从曲线获得面】对话框。在该对话框中，有两个需要设置的选项，介绍如下。

图 6-4 【有界平面】对话框及结果

图 6-5 【从曲线获得面】对话框及结果

（1）【按图层循环】复选框　每次在一个层上处理所有可选的曲线。要加速处理，可以选中此选项，系统会通过每次处理一个层上的所有可选的曲线来生成体。所有用来定义片体的曲线必须在一个层上。

（2）【警告】复选框　选中此选项，在生成体以后，如果存在警告的话，会导致系统停止处理并显示警告信息，警告用户存在曲线的非封闭平面环和非平面的边界。如果不选中此选项，则不会警告用户，也不会停止处理。

提示：使用【按图层循环】选项可以显著地改善处理性能。此选项还可以显著地减少虚拟内存的使用。如果收到信息"虚拟内存用完"，用户可能会想要把线框几何体展开到几个层上，这时一定要把一个体的所有定义曲线放在一个层上。

设计时根据实际需要确定是否选中上述的两个选项，单击对话框中的【确定】按钮，系统弹出【类选择】对话框，然后选择曲线，单击【确定】按钮即可生成片体。

6-2 直纹面

6.2.3 直纹面

单击【曲面】面组中的【直纹】按钮，或者选择菜单【插入】|【网格曲面】|【直纹】

命令，系统弹出如图6-6所示的【直纹】对话框，可通过两条曲线轮廓生成片体或实体。

图6-6 【直纹】对话框及结果

1．操作步骤

1）选择一条截面线串。

2）选择对齐方式。

3）输入距离公差。

4）输入临时网格显示U和V数量值。

5）依次单击【确定】按钮，生成直纹曲面。

2．对齐方式

【对齐】下拉列表用于调整创建的片体。依次选取曲线与法线方向后，再依选项设置对齐方向。对齐的方式有【参数】、【弧长】、【根据点】、【距离】、【角度】、【脊线】和【可扩展】六个选项，当产生片体后，若改变其定义的曲线位置，其片体会随着曲线的变更而适当调整。

【参数】选项表示空间中的点将会沿着所指定的曲线以相等参数的间距穿过曲线生成片体。所选取曲线的全部长度将完全被等分。【弧长】选项表示空间中的点将会沿着所指定的曲线以相等弧长的间距穿过曲线生成片体。所选取曲线的全部长度将完全被等分。选择【根据点】选项，可根据所选取的顺序在连接线上定义片体的路径走向，该选项用于连接线中，在所选取的形体中含有角点时使用。选择【距离】选项，系统会将所选取的曲线在矢量方向等间距切分。当生成片体后，若显示其U方向线，则U方向线以等分显示。【角度】选项表示系统会以所定义的角度转向，沿矢量方向扫过，并将所选取的曲线沿一定角度均分。当生成片体后，若显示其U方向线，则U方向线会以等分角度方式显示。【脊线】选项表示系统会要求选取脊线，之后，所生成的片体范围会以所选取的脊线长度为准。但所选取的脊线平面必须与曲线的平面垂直。

3．公差

【G0（位置）】文本框用于设置所产生的片体与所选取的断面曲线之间的误差值。若设置为零，则所生成片体将会完全沿着所选取的断面曲线创建。

注意：如果选定的截面线串包含了尖锐的拐角，建议在尖锐拐角处使用【根据点】方式对齐来保留它们。系统将生成分开的面，这些面在由尖锐拐角组成的边上连接。也可以为自由形式特征到尖锐拐角精确拟合定义一个值为 0.00 的拟合公差，这对于相似外形的截面线串来说很方便。否则，生成一个高曲率、有光顺拐角的体去逼近这些尖锐的拐角。任何后续的在这些拐角或面上执行的特征操作可能会因为曲率而失败。

6.2.4 通过曲线组

单击【曲面】面组中的【通过曲线组】按钮，或者选择【菜单】|【插入】|【网格曲面】|【通过曲线组】命令，系统弹出如图 6-7 所示的【通过曲线组】对话框。

图 6-7 【通过曲线组】对话框及结果

1. 操作步骤

1）选择截面线串，单击鼠标中键完成截面线串的选择，单击【添加新集】按钮；添加新的截面线串。

2）选择【补片类型】，可以是单个或者多个。

3）选择【对齐】方式。

4）对于多面片，指定该实体是否 V 向封闭。

5）根据需要设置其他选项。

6）单击【确定】按钮。

2. 补片类型

【补片类型】下拉列表用于设置所生成片体的偏移面类型，有两个选项。

（1）单个　若选择单个选项，则指定的线段至少为两条。

（2）多个　若选择多个选项，则偏移面数为指定的 V 次方数减 1。

3. 对齐方式

【对齐】下拉列表用于对齐所创建的片体，其对齐方式有【参数】、【弧长】、【根据点】、【距离】、【角度】、【脊线】和【根据段】。

（1）【参数】 选择此选项，所选取的曲线将在相等参数区间等分，即所选取的曲线全长将完全被等分。

（2）【弧长】 选择此选项，所选择的曲线将沿相等的弧长定义线段，即所选取的曲线全长将完全被等分。

（3）【根据点】 选择此选项，可在所选取的曲线上，定义顺序点的位置，当定义顺序点后，片体将据顺序点的路径创建。其顺序点在每个选取曲线上仅能定义一点。

（4）【距离】 选取该选项，系统会弹出【指定矢量】选项，并以【指定矢量】选项定义对齐的曲线或对齐轴向，其所创建的偏移面为一组均分的偏移面。

（5）【角度】 选择此选项，薄体的构面会沿其所设置的轴向向外等分，直到最后一条选取的曲线。其定义轴向的方式可分为三种：【两点】，以两点定义轴线方向及位置；【现有的直线】，选取已存在的线段为轴线；【点和矢量】，定义一点与矢量方向。

（6）【脊线】 选择此选项，当定义完曲线后，系统会要求选取脊线，选取脊线后，所生成的片体范围会以所选取的脊线长度为准，但所选取的脊线平面必须与曲线的平面垂直，即所选取的脊线与曲线必须为共面关系。

（7）【根据段】 若选取为样条定义点，所生成的片体会以所选取曲线的相切点为穿越点，但其所选取的样条仅限定为 B 样条曲线。

4．连续性

（1）G0（位置） 在第一和/或最后选择的截面线串处与另一个或者多个曲面相交。

（2）G1（相切） 在第一和/或最后选择的截面线串处与另一个或者多个曲面相切。

（3）G2（曲率） 在第一和/或最后选择的截面线串处与另一个或者多个曲面相切并曲率连续。

6.2.5 通过曲线网格

单击【曲面】面组中的【通过网格曲面】按钮，或者选择【菜单】|【插入】|【网格曲面】|【通过曲线网格】命令，系统弹出如图 6-8 所示的【通过曲线网格】对话框。

图 6-8 【通过曲线网格】对话框及结果

通过曲线网格从运行在两个方向的已存在线串组建立片体或实体。两组线串组近似正交，一组称为主曲线串，另一组称为交叉曲线串。建立的片体或实体与两组线串相关。

1. 曲线网格构面的基本步骤

1）选择主曲线串和交叉曲线串。

2）设置主曲线串和交叉曲线串的连续性。

3）设置相交公差。

4）设置构造选项。如果指定简单选项，则必须指定主曲线模板或交叉曲线模板，或让系统选择它们。

5）单击【确定】或【应用】按钮。

注意：第一或最后主曲线串可以是一个点（已存在点或曲线端点）。

提示：全部或部分垂直于定义曲线（交叉曲线串）的脊线曲线是无效的，因为截面平面和定义曲线之间的交叉是不存在的或是不完全定义的。当生成曲线网格体时，相同类型的线串（如主曲线串）的端点不能重合。

2.【着重】下拉列表框

用于设置系统在生成曲面时主要曲线和横越曲线的创建方式。有以下三个选项：

（1）两者皆是　选择此选项，所生成的片体会沿主要曲线与横越曲线的中点创建。

（2）主线串　选择此选项，所生成的片体会沿主要的曲线创建。

（3）交叉线串　选择此选项，所生成的片体会沿横越的曲线创建。

3.【公差】选项组

该选项组包括相交公差、位置公差和相切公差，其中相交公差用于设置曲线与主要弧之间的公差。当曲线与主要弧不相交时，该曲线与主要弧之间的距离不得超过所设置的交叉公差值。若超过所设置的公差，系统会显示错误信息，并无法生成曲面，提示重新操作。

4.【构造】下拉列表框

用于设置生成的曲面符合各条曲线的程度，共有三个选项。

（1）法向　选择该选项，系统将按照正常的过程创建实体或是曲面。该选项具有最高的精度，因此将生成较多的块，占据最多的存储空间。

（2）样条点　该选项要求选择的曲线必须是具有与选择的点数目相同的单一 B 样条曲线。这时生成的实体和曲面将通过控制点并在该点处与选择的曲线相切。

（3）简单　该选项可以对曲线的数学方程进行简化，以提高曲线的连续性。运用该选项生成的曲面或是实体具有最好的光滑度，生成的块数也是最少的，因此占用最少的存储空间。

6-5 扫掠

6.2.6 扫掠

扫掠特征是将截面线沿引导线移动扫掠生成的实体，它具有较大灵活性，可以控制比例、方位的变化。引导线可以多于一条，截面线最多可以达到 150 条。

引导线在扫掠方向上用于控制扫掠的方位和比例，引导线可以是由多段曲线合成的，但必须是光滑的。引导线的条数最多可有三条。

1条引导线：由用户指定控制截面线的方位和比例。
2条引导线：自动确定方位，比例则由用户指定。
3条引导线：自动确定比例和方位。

单击【曲面】面组中的【扫掠】按钮，或者选择【菜单】|【插入】|【扫掠】|【扫掠】命令，系统弹出如图6-9所示的【扫掠】对话框。

如果为扫掠选择多于一个的截面线串，则必须指定用何种方式在它们之间插补，如线性的或三次的。

线性的意味着从第一条截面线串到第二条线串的变化率是线性的。

三次的意味着从第一条截面线串到第二条线串的变化率是三次函数。

【扫掠】命令具有相对自由的创建方式，根据用户选择的引导线数目的不同需要用户给出不同的附加条件。在几何上，引导线即是母线，根据三点确定一个平面的原理，用户最多可以设置三条引导线。

图6-9 【扫掠】对话框及结果

扫掠特征断面连接最多可选取400条线段。创建时如果仅定义一条曲线，由于限制条件较少，因此需要设置较多的选项来定义所要创建的片体。定义两条引导线时，由于方位已为第二条引导线控制，所以设置选项中不会出现定义方位变化的选项。定义三条引导线时，因三条引导线相互定义了片体的方位及比例变化，故系统并不会显示方位变化及比例变化的设置选项。定义不同引导线、断面数与设置选项的列表见表6-1。

表6-1 不同引导线、断面数与设置选项列表

	一条引导线		两条引导线		三条引导线	
	单一断面	多重断面	单一断面	多重断面	单一断面	多重断面
插补方式		☆		☆	☆	☆
对齐方式	☆	☆	☆	☆		☆
方向变化	☆	☆				
比例变化	☆	☆	☆	☆		
脊线			☆	☆	☆	☆

创建扫掠曲面的基本操作步骤为：

1）选择【扫掠】命令。
2）选择引导线。
3）选择截面曲线。
4）指定对齐方法。
5）指定方向方法。
6）指定比例方法，输入比例后，单击【确定】按钮生成曲面。

6.2.7 N 边曲面

N 边曲面是由闭合的任意数目的曲线构建的曲面，可以指定曲面与外侧表面的连续性，形状控制选项可以在移动中心点改变中心点处尖锐度的同时维持连续性约束。

6-6 N 边曲面

单击【曲面】面组中的【N 边曲面】按钮，或选择【菜单】|【插入】|【网格曲面】|【N 边曲面】命令，系统弹出如图 6-10 所示的【N 边曲面】对话框。

N 边曲面的基本操作步骤如下：
1）确定 N 边曲面类型。
2）选择代表 N 边曲面的边界曲线（或者表面）。
3）选择与该曲面相切的边界约束面（可选项）。
4）如果建立修剪单片体类型，还可以定义 U、V 方位（可选项）。
5）使用【形状控制】选项组动态拖动曲面。
6）单击【确定】或者【应用】按钮，生成临时曲面。
7）使用【形状控制】选项组调整曲面的形状（可选项）。

图 6-10 【N 边曲面】对话框及结果

6.2.8 应用实例

（1）打开文件　选择菜单【文件】|【打开】命令，或者单击【标准】工具条中的【打开】按钮，系统弹出【打开】对话框。选择在本书配套资源根目录下的 6 / 实例-花形曲面.prt 文件，单击【OK】按钮，即打开部件文件。完成如图 6-11 所示的曲面创建。

（2）绘制草图 1 和草图 2　设置 1 层为工作层，其他层为不可见层。在 XY 平面绘制如图 6-12 所示的草图 1，在 ZX 平面绘制如图 6-13 所示的草图 2。

（3）圆形阵列草图 2　单击【特征】面组中的【阵列几何特征】按钮，或选择【菜单】|【插入】|【关联复制】|【阵列几何特征】命令，系统弹出如图 6-14 所示的【阵列几何特征】对话框。选择草图 2 为要形成阵列的几何特征，【布局】选择【圆形】选项，【指定矢

量】选择【ZC】选项，单击【点对话框】按钮，系统弹出【点】对话框，在对话框中输入坐标为"0""0""0"，然后单击【确定】按钮，系统返回到【阵列几何特征】对话框，【数量】文本框中输入"2"，【节距角】文本框中输入"72"，单击【确定】按钮，结果如图 6-15 所示。

图 6-11 应用实例图

图 6-12 绘制草图 1

图 6-13 绘制草图 2

图 6-14 【阵列几何特征】对话框

（4）扫掠构面　设置 11 层为工作层，1 层为可选层，其他层为不可见层。

单击【曲面】面组中的【扫掠】按钮，或者选择【菜单】|【插入】|【扫掠】|【扫掠】命令，系统弹出【扫掠】对话框。【截面】选取草图 1，【引导线】选取草图 2 和步骤（3）阵列的曲线，其他采用默认值，单击【确定】按钮，结果如图 6-16 所示。

（5）圆形阵列步骤（4）创建的曲面　单击【特征】面组中的【阵列特征】按钮，系统弹出【阵列几何特征】对话框。选择步骤（4）创建的曲面为要形成阵列的几何特征，【布局】选择【圆形】选项，【指定矢量】选择【ZC】选项，单击【点对话框】按钮，系统弹出【点】对话框,在对话框中输入坐标为"0""0""0",然后单击【确定】按钮,系统返回到【阵列几何特征】对话框,【数量】文本框中输入"5",【节距角】文本框中输入"72",单击【确定】按钮,结果如图6-17所示。

图6-15　阵列后的曲线　　　图6-16　生成的曲面　　　图6-17　阵列后的曲面

(6) 缝合　设置11层为工作层,其他层为不可见层。

单击【曲面操作】面组中的【缝合】按钮,或者选择【菜单】|【组合】|【缝合】命令,系统弹出【缝合】对话框。依次选取创建的五个曲面,单击【确定】按钮。

6.3　由曲面构造曲面

由曲面构造曲面包括桥接、偏置曲面、延伸曲面、艺术曲面以及整体突变等类型,它是将已有的面作为基面,通过各种曲面操作再生成一个新的曲面。此类型曲面大部分都是参数化的,通过参数化关联,再生的曲面随着基面改变而变化。

6.3.1　桥接

单击【特征】面组中的【桥接】按钮,或选择【菜单】|【插入】|【细节特征】|【桥接】命令,系统弹出如图6-18所示的【桥接曲面】对话框。

图6-18　【桥接曲面】对话框及结果

桥接片体用于在两个曲面之间建立过渡曲面，过渡曲面与两个曲面的连接可以采用相切连续或曲率连续两种方法，其构造的曲面为 B 样条曲面。同时为了进一步精确控制桥接片体的形状，可以选择另外两组曲面或两组曲线作为片体的侧面边界条件。此方法是曲面过渡连接的常用方法。

6.3.2 延伸曲面

单击【曲面】面组中的【延伸曲面】按钮，或选择【菜单】|【插入】|【弯边曲面】|【延伸】命令，系统弹出如图 6-19 所示的【延伸曲面】对话框。

各延伸生成选项之间有一些共同的基本操作步骤。

1）首先，选择一个现有的面作为基面，这就是延伸体要延伸的面。

2）选择一个现有的对象，如基曲线、边，或在拐角延伸时选择拐角。该拐角指定了基片体和延伸体的交叉处。当选择边或拐角时，必须在曲面上想要选择的对象附近指定一个点，此点用于决定延伸哪个边或拐角。

图 6-19 【延伸曲面】对话框及结果

3）操作过程中系统会显示各种方向矢量，帮助用户决定诸如系统生成体时依照的方向，或为体指定的方向等。

注意： 在选择延伸的边或线时，光标的选择球消失，出现十字交叉线。选择边线时，十字交叉线应该置于曲面边界内，靠近边界。若十字交叉线置于曲面边界外系统会提示出错，需重新选择。

延伸方法有如下四种。

（1）相切延伸　在延伸方向的横截面上是一直线，与基面保持相切。延伸长度有两种方法。

1）按长度：需要输入长度数值。

2）按百分比：延伸长度根据原来的基面长度的百分比确定。只有该方法具有拐角延伸方式。百分比长度延伸用于延伸长度不重要的场合。另外，如需要拐角延伸，而拐角延伸的边需要与相邻边对齐时可采用该法。拐角延伸时系统临时显示两个方向矢量，指定片体的 U 和 V 方向，可以分别指定不同的延长百分比。

注意： 在某些情况下，很难用【按百分比】选项精确指定延伸体的长度。此选项一般在延伸体的长度精度不重要时使用。

（2）垂直于曲面延伸　此方法沿曲面的法向方向生成延伸片体。操作时需要选择曲面上的一条线，因此需要预先在曲面上建立曲线。若在曲面的边上延伸，不能直接选择边，必须预先使用【抽取】命令抽出曲面的边线。

（3）有角度的延伸　生成与基面成一定角度的延伸。系统临时显示两个方向矢量；一个方向矢量与基面相切，另一个方向矢量与基面垂直。方向矢量便于用户确定角度的大小与方向。与垂直于曲面延伸相同，角度延伸需要预先在基面上建立曲线，或抽取边线。

（4）圆弧延伸 在延伸方向的横截面上是一圆弧，圆弧半径与所选择的曲面边界的曲率半径相等，并且与基面保持相切。延伸长度可以采用【按长度】或【按百分比】两种方法。

6.3.3 偏置曲面

单击【特征】面组中的【偏置曲面】按钮 ，或选择【菜单】|【插入】|【偏置/缩放】|【偏置曲面】命令，系统弹出如图 6-20 所示的【偏置曲面】对话框。

【偏置曲面】命令用于在实体或片体的表面上建立等距偏置面，或变距偏置面。变距偏置面需要在片体上定义四个点，并且分别输入不同的距离参数。系统通过法向偏置一定的距离来建立偏置面，输入的距离参数称为偏置距离，偏置所选择的面称为基础面。建立偏置面有一定条件，即输入的距离参数不能导致自相交。

图 6-20 【偏置曲面】对话框及结果

注意：如果基础面的法向定义不当（即从一边到另一边反转落下的法向或趋近于零的法向）或者如果偏置距离太大以至于可以产生自相交偏置曲面，则可能得到意外的偏置曲面结果。

注意：如果用户输入一个与基曲面的曲率半径相比很大的偏置距离，则系统会产生一个自相交偏置曲面。同理，变距偏置面时片体上四个点的偏置距离也不能相差太大。

偏置曲面的基本操作步骤如下：
1) 选择基础面；
2) 输入偏置距离或选择变距偏置方式，偏置距离不能为 0。

6.3.4 规律延伸

单击【曲面】面组中的【规律延伸】按钮 ，或选择【菜单】|【插入】|【弯边曲面】|【规律延伸】命令，系统弹出如图 6-21 所示的【规律延伸】对话框。

【规律延伸】命令用规律子选项来控制延伸的长度和角度。不同于其他延伸方法，规律控制延伸方法生成的曲面是非参数特征，同时还可以对修剪过边界进行延伸。规律控制延伸方法可以选择一个基础面或多个面，也可以选择一个平面作为角度测量的参考平面。

图 6-21 【规律延伸】对话框及结果

6.3.5 面倒圆

1. 概述

【面倒圆】命令用于在两组曲面之间建立相切圆角,可以选择是否修剪原始曲面。面倒圆可以在片体上倒圆角,也可以在实体上倒圆角,其功能比边倒圆角要强得多。面倒圆与边倒圆角的区别如下。

1)面倒圆可以在两组分离的实体或片体之间建立圆角。
2)曲面可以自动修剪,并可以与圆角连成一体。
3)圆角半径可以是常数,按规律变化,或相切控制。

2. 操作步骤

单击【特征】面组中的【面倒圆】按钮,或选择【菜单】|【插入】|【细节特征】|【面倒圆】命令,系统弹出如图 6-22 所示的【面倒圆】对话框。

1)选择【面倒圆】类型,选择不同的类型,【选择步骤】中的图标也有所不同。
2)选择需要倒圆的曲面。
3)在【面倒圆】对话框中设置各选项。
4)单击【确定】或者【应用】按钮。

图 6-22 【面倒圆】对话框及结果

6.4 曲面的修剪和编辑

曲面的修剪和编辑作为主要曲面的修改方式,在整个建模过程中起着决定性的作用。它可以通过重定义曲面特征参数来更改曲面形状,也可以通过修剪、延伸、扩大等非参数化操作实现曲面的编辑功能。主要包括修剪片体、缝合及编辑曲面等类型。

6.4.1 修剪片体

单击【特征】面组中的【修剪片体】按钮,或选择【菜单】|【插入】|【修剪】|【修

剪片体】命令，系统弹出如图 6-23 所示的【修剪片体】对话框。

【修剪片体】命令通过投影边界轮廓线修剪片体。系统根据指定的投射方向，将一边界（可以是曲线，实体或片体的边界，实体或片体的表面，基准平面）投射到目标片体上，修剪出相应的轮廓形状，结果是相关联的修剪片体，如图 6-24 所示。

图 6-23 【修剪片体】对话框及结果　　　　　图 6-24 修剪的片体

修剪片体的基本操作步骤如下：
1）选择目标片体；
2）选择投射方式（投射矢量应该从边界指向目标片体）；
3）选择一个修剪边界，可以看到投射结果，然后选择下一目标；
4）指定需要剪去（或保留）的区域；
5）单击【确定】或者【应用】按钮。

6.4.2 缝合

【缝合】命令用于将两个或两个以上的片体缝合成为单一的片体。如果被缝合的片体封闭，则缝合后形成实体。同时，缝合可用于缝合实体。

提示：片体间的间隙必须小于指定公差，否则仍是片体。

单击【特征】面组中的【缝合】按钮，或选择【菜单】|【插入】|【组合体】|【缝合】命令，系统弹出如图 6-25 所示的【缝合】对话框。

缝合不会自动地对平面进行求交运算。要进行求交运算，需使用有界平面功能。可用于缝合特征的【编辑特征】命令有【删除特征】、【抑制特征】和【释放特征】。可能的话，缝合公差应该小于最短的边。否则，后面的一些操作，如布尔运算，会产生无法估计的结果。

图 6-25 【缝合】对话框

缝合片体操作步骤如下：
1）选择【片体】为缝合类型；

2）选择缝合的目标片体；
3）选择缝合的工具片体；
4）定义缝合公差；
5）单击【确定】或者【应用】按钮。

缝合实体操作步骤如下：
1）选择【实体】为缝合类型；
2）选择缝合的目标面；
3）选择缝合的工具面；
4）定义缝合公差；
5）单击【搜索公共面】按钮，用于观察缝合体的重合面。
6）单击【确定】或者【应用】按钮。

6.4.3 编辑曲面

在 NX 12.0 中，使用【编辑曲面】面组中的各个工具命令（图 6-26），或者选择【菜单】|【编辑】|【曲面】命令（图 6-27）可以很方便对曲面的某一特征的参数进行编辑修改。但值得注意的是，除【法向反向】命令外，其他工具命令都属于非参数化编辑工具命令，即编辑后原对象的参数全部丢失，并且其关联性也将被破坏，因此在使用这些工具命令前要考虑清楚。下面简单介绍【编辑曲面】面组中的部分工具命令。

图 6-26 【编辑曲面】工具条

1. 扩大

【扩大】命令可以改变片体的大小。方法是生成一个新的扩大特征，该特征和原始的片体相关联，用户可以根据百分率改变扩大特征的各个边缘曲线。

单击【编辑曲面】面组中的【扩大】按钮，或选择【菜单】|【编辑】|【曲面】|【扩大】命令，系统弹出如图 6-28 所示的【扩大】对话框。扩大的【模式】有两种：【线性】和【自然】。其中【线性】选项可以在一个方向上线性地延伸扩大片体的边缘，【自然】选项可以沿着边缘的自然曲线延伸扩大片体的边缘。

图 6-27 【编辑】|【曲面】菜单　　　　　　图 6-28 【扩大】对话框

2. 替换边

【替换边】命令可以修改或替换片体的已有边界，可以从片体上删除裁剪或单个孔。如果片体是单面片体，【片体边界】选项可以延伸已有的边界。

单击【编辑曲面】面组中的【替换边】按钮，或选择【菜单】|【编辑】|【曲面】|【替换边】命令，系统弹出如图 6-29 所示的【替换边】对话框。选择需要编辑的曲面，系统弹出如图 6-30 所示的【确认】对话框。单击【是】按钮，系统弹出【类选择】对话框。选择要被替换的边，单击【确定】按钮，系统弹出如图 6-31 所示的【替换边】对话框。该对话框有五个选项。

图 6-29 【替换边】对话框（一）　　　　　图 6-30 【确认】对话框

3. 更改边（修改片体的边缘线）

修改片体的边缘线功能用于编辑片体的边缘线，它可以使片体的边缘线与另一曲线（或片体的边缘线）重合，也可以使片体的边缘位于一个平面内，还可以编辑片体边缘的法向、曲率和横向切线，使得目标片体和对齐片体的边缘位置连续，边缘切线连续甚至曲率连续。

要修改的目标片体的边缘线要小于对齐物体，否则系统会出现提示错误信息。另外该功能对于修剪产生的片体或者没有边缘的片体无法进行选择和编辑。

单击【编辑曲面】面组中的【更改边】按钮，或选择【菜单】|【编辑】|【曲面】|【更改边缘】命令，系统弹出如图 6-32 所示的【更改边】对话框。选择需要编辑的片体，【更改边】对话框变为如图 6-33 所示。选中需要编辑的边缘，【更改边】对话框变为如图 6-34 所示。该对话框有如下五个选项。

图 6-31 【替换边】对话框（二）　　图 6-32 【更改边】对话框（一）

（1）【仅边】 仅改变片体的边缘。
（2）【边和法向】 改变片体的边缘和法向。
（3）【边和交叉切线】 改变边缘和横向切线。
（4）【边和曲率】 改变片体的边缘和曲率。
（5）【检查偏差—否】 检查偏差与否。

选择不同的选项，系统弹出的对话框也不相同。当单击【仅边】按钮时，系统弹出如图 6-35 所示的【更改边】对话框。该对话框有以下四个选项。

图 6-33 【更改边】对话框（二）　图 6-34 【更改边】对话框（三）　图 6-35 【更改边】对话框（四）

（1）【匹配到曲线】 该选项将所选择的片体匹配到所选择的曲线，所选择的曲线需要比片体的边缘长。
（2）【匹配到边】 匹配到片体的边缘，该选项通过改变目标片体的边缘的位置和形状将目标片体的边缘与对齐片体的边缘完全匹配。
（2）【匹配到体】 匹配至实体，该选项将所选择片体的边缘匹配到实体边缘线的法向，改变所选片体的形状与对齐实体的边缘一致，但不改变片体边缘的位置。
（4）【匹配到平面】 匹配至平面，该选项将所选择片体的边缘变形到一个定义的平面。

6.5 综合应用实例

6-8 综合实例1

6.5.1 综合实例1

创建如图 6-36 所示的三维模型。先绘制截面图，然后拉伸，再绘制曲线并用【通过曲线网格】命令构建曲面，通过构建的曲面修剪实体，创建过程如下。

1）单击【快速访问】工具条中的【新建】按钮，系统弹出【新建】对话框。输入文件名称，设置文件位置，单击【确定】按钮。

2）通过层设置，设置第 2 层为工作层，第 61 层为可选层，其他层为不可见层。

3）单击【主页】选项卡【直接草图】面组中的【草图】按钮，系统弹出【创建草图】对话框。选择 YZ 平面为草图平面，单击【确定】按钮，进入草图环境。绘制如图 6-37 所示的草图，单击【直接草图】面组中的【完成草图】按钮，系统返回到建模环境。

4）通过层设置，设置第 21 层为工作层，第 2 层为可选层，其他层为不可见层。

图 6-36 综合实例 1 图

5）选择步骤 3）绘制的草图，单击【特征】面组中的【拉伸】按钮，系统弹出【拉伸】对话框。按着〈shift〉键，然后选取如图 6-38 所示的圆弧，这样做的目的是，拉伸时，该圆弧不参与建模；【结束】下拉列表中选择【对称值】，【距离】文本框中输入"5"，单击【应用】按钮，完成拉伸，但是此时没有退出【拉伸】对话框。将【选择意图】工具条设置为【单条曲线】，如图 6-39 所示；选取如图 6-40 所示的两条圆弧，【结束】下拉列表中选择【对称值】，【距离】文本框中输入"15"，【布尔】下拉列表中选择【合并】，单击【确定】按钮，结果如图 6-41 所示。

图 6-37 绘制的草图

图 6-38 选取的圆弧

6）通过层设置，设置第 3 层为工作层，第 21 层和第 61 层为可选层，其他层为不可见层。

7）单击【曲线】选项卡中【曲线】面组中的【直线】按钮，系统弹出如图 6-42 所示的【直线】对话框。选取如图 6-43 所示的实体边缘端点，再选取如图 6-44 所示的圆弧中点，单击【应用】按钮，绘制出直线 1；采用相同的方法绘制直线 2 和直线 3，如图 6-45 所示。

图 6-39 【选择意图】工具条

图 6-40 选取的两条圆弧

图 6-41 拉伸后的模型

图 6-42 【直线】对话框

图 6-43 选取的实体边缘端点

图 6-44 选取圆弧的中点

8）通过层设置，设置第 11 层为工作层，第 2 层、第 21 层和第 61 层为可选层，其他层为不可见层。

9）单击【曲面】选项卡中【曲面】面组中的【通过曲线网格】按钮，系统弹出如图 6-46 所示的【通过曲线网格】对话框。选取如图 6-47 所示的实体边缘，单击中键，选择直线 1 的下端点，单击鼠标中键；再次单击鼠标中键，主曲线选择结束，系统直接过渡到选择交叉曲线；选择直线 1，单击鼠标中键；选择直线 2，单击鼠标中键；选择直线 3，单击鼠标中键；最后单击【确定】按钮，结果如图 6-48 所示。

图 6-45　绘制的三条直线

图 6-46　【通过曲线网格】对话框

图 6-47　选取的实体边缘

图 6-48　创建的曲面

10）通过层设置，设置第 21 层为工作层，第 11 层为可选层，其他层为不可见层。

11）单击【主页】选项卡中【特征】面组中的【修剪体】按钮，系统弹出如图 6-49 所示的【修剪体】对话框。在【目标】中选择创建的实体，单击鼠标中键，在【工具】中选择创建的曲面，单击【反向】按钮，单击【确定】，结果如图 6-50 所示。

图 6-49　【修剪体】对话框

图 6-50　修剪后的模型

12）通过层设置,设置第 21 层为工作层,第 61 层为可选层,其他层为不可见层。

13）单击【特征】面组中的【镜像特征】按钮,系统弹出如图 6-51 所示的【镜像特征】对话框。选取步骤 11）创建的修剪体特征,单击【镜像平面】选项组中的【指定平面】,然后选择 *XY* 平面,单击【确定】按钮,结果如图 6-52 所示。

图 6-51 【镜像特征】对话框

图 6-52 最终模型

6.5.2 综合实例 2

创建如图 6-53 所示的油封图样的三维模型。先绘制截面图,然后拉伸,再绘制曲线并用【通过曲线网格】命令构建曲面,通过构建的曲面修剪实体,创建过程如下。

6-9 综合实例 2

图 6-53 综合实例图

1）单击【快速访问】工具条中的【新建】按钮,系统弹出【新建】对话框。输入文件名称,设置文件位置,单击【确定】按钮。

2）通过层设置,设置第 31 层为工作层,第 61 层为可选层,其他层为不可见层。

3）单击【特征】面组中的【拉伸】按钮,系统弹出【拉伸】对话框。单击【截面线】选项组中的【绘制截面】按钮,系统弹出【创建草图】对话框。单击【确定】按钮,系统进入草图环境,绘制如图 6-54 所示的草图。单击【草图】面组中的【完成】按钮,系统返回到【拉伸】对话框。【结束】下拉列表中选择【对称值】,【距离】文本框中输入"70",单击【确定】按钮,结果如图 6-55 所示。

图 6-54　绘制的草图（一）　　　　　　图 6-55　拉伸模型

4）通过层设置,设置第 11 层为工作层,第 31 层和第 61 层为可选层,其他层为不可见层。

5）选择【菜单】|【插入】|【基准/点】|【基准平面】命令,或单击【主页】选项卡中【特征】面组中的【基准平面】按钮,系统弹出如图 6-56 所示的【基准平面】对话框。选择 XZ 平面,在【距离】文本框中输入"50",单击【确定】按钮。

6）通过层设置,设置第 21 层为工作层,第 11 层和第 61 层为可选层,其他层为不可见层。

7）单击【主页】选项卡【直接草图】面组中的【草图】按钮,系统弹出【创建草图】对话框。选择步骤 5）创建的基准平面为草图平面,单击【确定】按钮,进入草图环境。绘制如图 6-57 所示的草图,单击【直接草图】面组中的【完成草图】按钮,系统返回到建模环境。

图 6-56　【基准平面】对话框　　　　　　图 6-57　绘制的草图（二）

8）通过层设置，设置第 26 层为工作层，第 11 层、第 21 层、第 31 层和第 61 层为可选层，其他层为不可见层。

9）选择【菜单】|【插入】|【派生曲线】|【缠绕/展开曲线】命令，系统弹出如图 6-58 所示的【缠绕/展开曲线】对话框。类型选择【缠绕】，选择步骤 7）绘制的草图，单击鼠标中键，选择圆柱面，单击鼠标中键，选择步骤 5）创建的基准平面，单击【确定】按钮，结果如图 6-59 所示。

图 6-58 【缠绕/展开曲线】对话框　　　　图 6-59 生成的曲线

10）通过层设置，设置第 22 层为工作层，第 26 层、第 31 层和第 61 层为可选层，其他层为不可见层。

11）单击【主页】选项卡【直接草图】面组中的【草图】按钮，系统弹出【创建草图】对话框。选择 YZ 平面为草图平面，单击【确定】按钮，进入草图环境。绘制如图 6-60 所示的草图，单击【直接草图】面组中的【完成草图】按钮，系统返回到建模环境。

12）通过层设置，设置第 31 层为工作层，第 22 层和第 26 层为可选层，其他层为不可见层。

13）选择【菜单】|【插入】|【扫掠】|【扫掠】命令，系统弹出如图 6-61 所示的【扫掠】对话框。选择步骤 11）绘制的草图为【截面】，连续单击两次鼠标中键，选择步骤 9）创建的曲线，单击【定向方法】选项组中的【选择面】，然后选择圆柱面，单击【确定】按钮，结果如图 6-62 所示。

14）选择【菜单】|【插入】|【组合】|【减去】命令，系统弹出如图 6-63 所示的【减去】对话框。【目标】选择步骤 3）创建的圆柱体，【工具】选择步骤 13）创建的实体，单击【确定】按钮，结果如图 6-64 所示。

15）通过层设置，设置第 31 层为工作层，第 61 层为可选层，其他层为不可见层。

16）单击【特征】面组中的【镜像特征】按钮，系统弹出【镜像特征】对话框。选取步骤 14）创建的修剪体特征，单击【镜像平面】选项组中的【指定平面】，然后选择 XY 平面，单击【确定】按钮，结果如图 6-65 所示。

图 6-60 绘制的草图（三）

图 6-61 【扫掠】对话框

图 6-62 扫掠后的模型

图 6-63 【减去】对话框

图 6-64 减去操作后的模型

图 6-65 镜像特征后的模型

17）单击【特征】面组中的【拉伸】按钮，系统弹出【拉伸】对话框。单击【截面线】选项组中的【绘制截面】按钮，系统弹出【创建草图】对话框。选择圆柱体的上表面，单击【确定】按钮，系统进入草图环境，绘制如图 6-66 所示的草图。单击【草图】面组中的【完成】按钮，系统返回到【拉伸】对话框。单击【方向】选项组中的【反向】按钮；【结束】下拉列表中选择【值】，【距离】文本框中输入"100"；【布尔】下拉列表中选择【减去】，单击【应用】按钮。

18）此时系统并没有退出【拉伸】对话框，单击【截面线】选项组中的【绘制截面】按钮，系统弹出【创建草图】对话框。选取圆柱体的下表面，单击【确定】按钮，系统进入草图环境，绘制如图 6-67 所示的草图，单击【草图】面组中的【完成】按钮，系统返回到【拉伸】对话框。单击【方向】选项组中的【反向】按钮；【结束】下拉列表中选择【贯穿】；【布尔】下拉列表中选择【减去】，单击【确定】按钮，结果如图 6-68 所示。

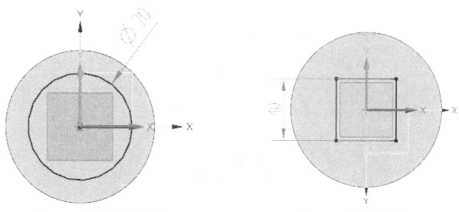

图 6-66　绘制的草图（四）　　　　　图 6-67　绘制的草图（五）

图 6-68　最终模型

6.6　思考与练习题

1. NX 的自由曲面建模有什么特点？
2. 由曲线构造曲面的典型方法主要有哪些？
3. 修剪曲面的方法主要有哪些？各具有怎样的应用特点？
4. 应用曲面功能，创建如图 6-69～图 6-71 所示的三维模型。

图 6-69　练习题 1

图 6-70　练习题 2

图 6-71　练习题 2

第7章 装配设计

装配建模模块是 NX 中集成的一个重要的应用模块,该模块能够将产品的各个零部件快速组合在一起,形成产品的整体结构,同时可对整个结构执行爆炸操作,从而更清晰地查看产品的内部结果以及部件的装配顺序。此外,在该模块中还允许对装配模型执行间隙分析、质量管理,以及将装配机构引入到装配工程图等操作。

7.1 装配建模基础

7.1.1 装配的概述

建立零件实体模型后,下一步需要将它们装配起来成为装配体。NX 采用的是单一数据库设计,因此在完成零件设计之后,可以利用 NX 的装配模块对零件进行组装,然后对该组件进行修改、分析或者重新定位。同时,用装配模块可以将基本零件或子装配组装成更高一级的装配体或产品总装配体。也可以首先设计产品总装配体,然后拆成子装配体和单个可以直接用于加工的零部件。

NX 装配过程是在装配中建立部件之间的链接关系,通过配对条件在部件间建立约束关系来确定部件在产品中的位置。在装配中,部件的几何体是被装配引用,而不是复制到装配中。不管如何编辑部件和在何处编辑部件,整个装配部件保持关联性,如果某部件修改,则引用它的装配部件自动更新,反应部件的最新变化。

NX 装配模块不仅能快速组合零部件成为产品,而且在装配中,可参照其他部件进行部件关联设计,并可对装配模型进行间隙分析、质量管理等操作。装配模型生成后,可建立爆炸图,并可将其引入到装配工程图中;同时,在装配工程图中可自动产生装配明细表,并能对轴测图进行局部挖切。

用户可以通过选择【应用模块】选项卡,然后单击【设计】面组中的【装配】按钮,调出【装配】面组,如图 7-1 所示;也可以通过【菜单】|【装配】中的命令或者子菜单中的命令完成装配,如图 7-2 所示;还可以通过【装配】选项卡中的各个功能完成装配,如图 7-3 所示。

7.1.2 装配术语

(1)装配　装配是指在装配过程中建立部件之间的连接功能。由装配部件和子装配组成。

(2)装配部件　装配部件是由零件和子装配构成的部件。在 NX 中允许向任何一个 Part 文件中添加部件构成装配,因此任何一个 Part 文件都可以作为装配部件。在 NX 中,零件和部件不必严格区分。需要注意的是,当存储一个装配时,各部件的实际几何数据并不是存储在装配部件文件中,而是存储在相应的部件(即零件文件)中。

图 7-1 【装配】面组　　　　　　　　　图 7-2 【装配】子菜单

图 7-3 【装配】选项卡

(3) 子装配　子装配是在高一级装配中被用作组件的装配，子装配也拥有自己的组件。子装配是一个相对的概念，任何一个装配部件都可在更高级装配中用作子装配。

(4) 组件对象　组件对象是一个从装配部件链接到部件主模型的指针实体。一个组件对象记录的信息有：部件名称、层、颜色、线型、线宽、引用集和配对条件等。

(5) 组件　组件是装配中由组件对象所指的部件文件。组件可以是单个部件（即零件），也可以是一个子装配。组件是由装配部件引用而不是复制到装配部件中的。

(6) 单个零件　单个零件是指在装配外存在的零件几何模型，它可以添加到一个装配中去，但它本身不能含有下级组件。

(7) 混合装配　混合装配是将自顶向下装配和自底向上装配结合在一起的装配方法。例如，先创建几个主要部件模型，再将其装配在一起，然后在装配中设计其他部件，即为混合装配。在实际设计中，可根据需要在两种模式下切换。

(8) 配对条件　配对条件用来定位组件在装配中的位置和方位。配对由装配部件中两组件间特定的约束关系来完成。在装配时，可以通过配对条件确定某组件的位置。当具有配对关系的其他组件位置发生变化时，组件的位置也跟着变化。

(9) 主模型　主模型（Master Model）是指供 NX 模块共同引用的部件模型。同一主模型，可同时被工程图、装配、加工、机构分析和有限元分析等模块引用。当主模型修改时，有限元分析、工程图、装配和加工等应用都根据部件主模型的改变自动更新。

7.1.3 引用集

在装配中,由于各部件含有草图、基准平面及其他辅助图形数据,如果要显示装配中各部件和子装配的所有数据,一方面容易混淆图形,另一方面由于引用零部件的所有数据,需要占用大量内存,因此不利于装配工作的进行。通过引用集可以减少这类混淆,提高计算机的运行速度。

1. 引用集的概念

引用集是用户在零部件中定义的部分几何对象,它代表相应的零部件加入装配。引用集可包含下列数据:零部件名称、原点、方向、几何体、坐标系、基准轴、基准平面和属性等。引用集一旦产生,就可以单独装配到部件中。一个零部件可以有多个引用集。

2. 默认引用集

每个零部件有两个默认的引用集。

(1)整个部件 该默认引用集表示整个部件,即引用部件的全部几何数据。在添加部件到装配中时,如果不选择其他引用集,默认使用该引用集。

(2)空 该默认引用集为空的引用集。空的引用集是不含任何几何对象的引用集,当部件以空的引用集形式添加到装配中时,在装配中看不到该部件。

如果部件几何对象不需要在装配模型中显示,可使用空的引用集,以提高显示速度。

3. 打开【引用集】对话框

选择【菜单】|【格式】|【引用集】命令,系统弹出如图 7-4 所示的【引用集】对话框。

应用该对话框中的选项,可进行引用集的建立、删除、更名、查看、指定引用集属性以及修改引用集的内容等操作。下面对该对话框中的各个选项进行说明。

图 7-4 【引用集】对话框(一)

(1)添加新的引用集 该选项用于建立新的引用集,部件和子装配都可以建立引用集。部件的引用集既可在部件中建立,也可在装配中建立。如果要在装配中为某部件建立引用集,应先使其成为工作部件。

在【引用集】对话框中单击【添加新的引用集】按钮,在【引用集名称】文本框输入引用集的名称,然后选择需要创建引用集的模型即可。需要注意的是引用集的名称不能超过30 个符号,并且中间不允许有空格。

正如可以在部件中建立引用集一样,在包含部件的子装配中也可以建立引用集,其操作方法同上,只是在选择对象添加到引用集时,应选择子装配中的部件。

(2)移除 该选项用于删除部件或子装配中已建立的引用集。在【引用集】对话框中选择需删除的引用集,单击【移除】按钮即可将该引用集删去。

(3)引用集重命名 在引用集列表中选择一个引用集,然后在【引用集名称】文本框输入新的名称,按〈Enter〉键即可完成引用集重命名。

(4)编辑属性 在引用集列表框中选中某一引用集,单击【属性】按钮,系统弹出如图 7-5 所示【引用集属性】对话框。在该对话框中输入属性的名称和属性值,单击【确定】按钮即可完成该引用集属性的编辑。

图 7-5 【引用集属性】对话框

（5）信息 ℹ️ 该选项用于查看当前零部件中已建引用集的有关信息。

在引用集列表框中选中某一引用集后该选项被激活，单击【信息】按钮 ℹ️ 则直接弹出引用集信息窗口，列出当前工作部件中所有引用集的名称。

如果要查看引用集的详细内容，应选择【菜单】|【信息】|【装配】|【引用集】命令，系统弹出如图 7-6 所示的【引用集】对话框。在引用集列表框中选择引用集，单击【确定】按钮，则选中引用集的几何对象被加亮，其原点和方向矢量也显示在图形窗口，并弹出如图 7-7 所示的窗口，窗口中的文本文件中显示了引用集名称、成员数目、坐标原点、方向矢量及属性的信息列表。

图 7-6 【引用集】对话框（二）

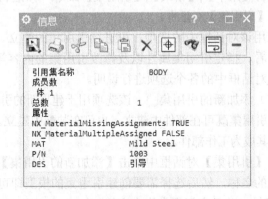

图 7-7 【信息】窗口

7.1.4 装配方式方法

装配是在零部件之间创建联系，装配部件与零部件的关系可以是引用，也可以是复制。因此，装配方式包括多零件装配和虚拟装配两种方式，大多数 CAD 软件采用的装配方式是这两种，本节对它们分别进行介绍。

1．多零件装配方式

这种装配方式是在装配过程中先把要装配的零部件复制到装配文件中，然后在装配环境下进行相关操作。由于在装配前就已经把零部件复制到装配文件中，所以装配文件和零部件不具有相关性，也就是零部件更新时，装配文件不会自动更新。这种装配方式需要复制大量各部件数据，生成的装配文件是实体文件，运行时占用大量的内存，所以速度较慢，现在已很少使用。

2．虚拟装配方式

虚拟装配方式是 NX 采用的装配方式，也是大多数 CAD 软件所采用的装配方式。虚拟装配方式不需要生成实体模型的装配文件，它只需引用各零部件模型，而引用是通过指针来完成的，也就是前面所说的组件对象。因此，装配部件和零部件之间存在关联性，也就是说零部件更新时，装配文件一起自动更新。采用虚拟装配方式进行装配具有所需内存小、运行速度快、存储数据小等优点。本章所讲到的装配内容是针对 NX 的，也就是针对虚拟装配方式。

NX 的装配方法主要包括自底向上装配设计、自顶向下装配设计以及两者的混合装配设计。

（1）自顶向下装配　是指在装配级中创建与其他部件相关的部件模型，是从装配部件的顶级向下产生子装配和部件（即零件）的装配方法。

自顶向下装配设计包括两种设计方法。一是在装配中先创建几何模型，再创建新组件，并把几何模型加到新组件中；二是在装配中创建空的新组件，并使其成为工作部件，再按自顶向下设计的设计方法在其中创建几何模型。

（2）自底向上装配　自底向上装配是先创建装配体的零部件，然后把它们以组件的形式添加到装配文件中来。这种装配设计方法先创建最下层的子装配件，再把各子装配件或部件装配成更高级的装配部件，直到完成装配任务为止。因此，这种方法要求在进行装配设计前就已经完成零部件的设计。自底向上装配设计方法包括一个主要的装配操作过程及添加组件。

7.1.5　部件属性

在装配导航器中选择某个部件或子装配件，单击鼠标右键，在弹出的快捷菜单中选择【属性】命令，系统弹出如图 7-8 所示【组件属性】对话框，

该对话框含有六个选项卡，分别为【装配】、【常规】、【属性】、【参数】、【重量】和【部件文件】，选择不同的选项卡将会显示不同的对话框选项。

1．装配

【装配】选项卡将显示组件加载的状态和当前所在的层。用户可以在【图层选项】下拉列表中选择不同的层特性来修改组件所在层的特性，同时可以在组件所在层的文本框中输入新的层号改变组件所在的层。

2．参数

通过【参数】选项卡用户可以对组件的名称和抑制特性进行修改，具体操作如下。在该选项卡的组件名称文本框输入新的名称即可对组件进行重命名，通过选择抑制特性选项可以给该组件指定不同的抑制特性，此部分内容将在下文中具体介绍。图 7-9 所示为选择【参数】选项卡时的【组件属性】对话框。

3．部件文件

【部件文件】选项卡列出了部件文件创建的时间、格式和其他有关的信息，如图 7-10 所示。

4．属性

在【属性】选项卡中用户可以指定组件的属性值。具体操作为：在属性【名称】文本框

中输入属性的名称,在属性【值】文本框中输入属性值并按〈Enter〉键,该属性的名称及其属性值将会自动出现在属性值列表框中,如图 7-11 所示。

图 7-8 【组件属性】对话框-装配

图 7-9 【组件属性】对话框-参数

图 7-10 【组件属性】对话框-部件文件

图 7-11 【组件属性】对话框-属性

7.2 装配建模

创建组件的方式有两种:一种是先设计好装配中部件的几何模型,再将该几何模型添加到装配中,该几何模型将会自动地成为该装配的一个组件;另一种是先创建一个空的新组件,再在该组件中建立几何对象或是将原有的几何对象添加到新建的组件中,则该几何模型成为一个组件。

7.2.1 自底向上装配

自底向上装配是先设计好装配中的部件几何模型，再将该部件的几何模型添加到装配中，从而使该部件成为一个组件。具体步骤为：

1）新建一个装配部件几何模型或者打开一个存在的装配部件几何模型；
2）选择要进行装配的部件几何模型；
3）设置部件加入到装配中的相关信息。

单击【装配】或者【组件】面组中的【添加组件】按钮，或选择【菜单】|【装配】|【组件】|【添加组件】命令，系统弹出如图 7-12 所示的【添加组件】对话框。

（1）【要放置的部件】选项组　在对话框的【要放置的部件】选项组中，可通过三种方式添加现有组件：单击【部件】按钮，直接在绘图区选取组件执行装配操作；选择【已加载的部件】列表框中的组件名称执行装配操作；单击【打开】按钮，系统弹出【部件名】对话框，指定路径并选择部件，单击【确定】按钮，系统返回到【添加组件】对话框。【数量】文本框中可以输入添加组件的数量。

【保持选定】复选框：选中此选项，维护部件的选择，以便在下一次添加操作中快速添加相同的部分。

图 7-12　【添加组件】对话框（一）

（2）【位置】选项组　【位置】选项组用于指定组件在装配中的位置。【装配位置】下拉列表中提供了【对齐】、【绝对坐标系-工作部件】、【绝对坐标系-显示部件】和【工作坐标系】四种装配位置。【组件锚点】下拉列表中只有【绝对坐标系】选项，可以通过在组件内创建产品接口来定义其他组件系统。

（3）【放置】选项组　【放置】选项组有【移动】和【约束】两个选项。当选择【移动】选项时，【添加组件】对话框如图 7-13 所示，组件在绘图区显示如图 7-14 所示。该选项可在部件添加到装配中后重新定位，组件可以任意移动和旋转；当选中【只移动手柄】选项时，只能移动手柄，组件不移动。当选择【约束】选项时，【添加组件】对话框如图 7-12 所示，该选项是按配对条件确定部件在装配中的位置，要求用户设置部件约束的各种信息，约束方式的概念将在本书的后面详细介绍。

图 7-13　【添加组件】对话框（二）

图 7-14　移动和旋转组件

（4）【设置】选项组

1）【引用集】下拉列表框：用于选择引用集的类型。默认引用集是模型，表示只包含整个实体的引用集，可以通过其下拉列表选择所需的引用集。

2）【图层选项】下拉列表框：用于设置添加组件放到装配组件中的哪一层，其下拉列表中包括：

- 工作的：选择该选项，将部件放置到装配部件的工作层。
- 原始的：选择该选项，仍保持部件原来的层位置。
- 按指定的：该选项可将部件放到指定层中。选择该选项，其下方指定层的文本框激活，可输入层号。

7.2.2　自顶向下装配

1. 第一种自顶向下装配方法

以自底向上装配方法添加组件时可以在列表中选择在当前工作环境中现存的组件，但处于该环境中现存的三维实体不会在列表框中显示，不能被当作组件添加，它只是一个几何体，不含有其他的组件信息，若要将其也加入到当前的装配中就必须用自顶向下装配方法进行创建。

自顶向下装配方法是在装配部件中建立一个新组件，并将装配中的几何实体添加到新组件中。需要注意的是在进行此项工作前，应将 UgⅡ目录下的公制默认文件 ug_metric.def 中的参数 Assemblies Allow interpart 设置为 Yes，否则将不能进行后续步骤的工作。

自顶向下装配方法具体的操作步骤如下：

（1）打开一个文件　该文件应是一个含几何体的文件，或者先在该文件中建立一个几何体。

（2）创建新组件　单击【装配】或者【组件】面组中的【新建组件】按钮 ，或选择【菜单】|【装配】|【组件】|【新建】命令，系统弹出【新组件文件】对话框。选择所建组件文件的类型，在【名称】文本框中输入名称，单击【确定】按钮。系统弹出如图 7-15 所示的【新建组件】对话框，要求用户设置新组件的有关信息。在绘图区选取几何对象，单击

【确定】按钮，则在装配中添加了一个含对象的新组件。

【新建组件】对话框各选项说明如下：
- 组件名：该选项用于指定组件名称，默认为部件的存盘文件名，该名称可以修改。
- 引用集：该选项用于指定引用集名称。
- 图层选项：该选项用于设置产生的组件加到装配部件中的哪一层，包含三个选项。
- 图层：该选项只有在【图层选项】选择【按指定的】选项时才激活，用于指定层号。
- 组件原点：指定组件原点采用的坐标系，是工作坐标还是绝对坐标系。
- 添加定义对象：选择该选项，从装配中复制定义所选几何实体的对象到新组件中。
- 删除原对象：选择该选项，在装配部件中删除定义所选几何实体的对象。

在【新建组件】对话框中设置各选项后，单击【确定】按钮。至此，在装配中即产生一个含所选几何对象的新组件。

2．第二种自顶向下装配方法

建立不含几何对象的新组件的操作步骤如下。

（1）打开一个文件　该文件可以是一个不含任何几何体和组件的新文件，也可以是一个含有几何体或装配部件的文件。

（2）创建新组件　单击【装配】或者【组件】面组中的【新建组件】按钮，或选择【菜单】|【装配】|【组件】|【新建】命令，系统弹出【新组件文件】对话框。选择待建组件文件的类型，在【名称】文本框中输入名称，单击【确定】按钮。系统弹出如图 7-15 所示的【新建组件】对话框。由于是产生不含几何对象的新组件，因此该处不需选择几何对象，要求设置新组件的有关信息，单击【确定】按钮。则在装配中添加了一个不含对象的新组件。新组件产生后，由于其不含任何几何对象，因此装配图形没有什么变化。

（3）新组件几何对象的建立和编辑　新组件产生后，可在其中建立几何对象。首先必须在新组件中设置工作部件，操作如下。单击【装配】选项卡中【关联控制】面组中的【设置工作部件】按钮，或选择【菜单】|【装配】|【关联控制】|【设置工作部件】命令，系统弹出如图 7-16 所示的【设置工作部件】对话框。在该对话框中显示了开始创建的新组件，在【选择已加载的部件】列表框中选择需要编辑的组件，单击【确定】按钮，该部件将自动成为工作部件，而该装配中的其他部件将变成灰色。

图 7-15　【新建组件】对话框　　　　图 7-16　【设置工作部件】对话框

自顶向下装配方法主要用于上下文设计，即在装配中参照其他零部件对当前工作部件进行设计。其显示部件为装配部件,而工作部件是装配中的组件,所做的任何操作发生在工作部件上,而不是在装配部件上。当工作在装配上下文中时,可以利用间接关系建立其他部件与工作部件的几何关联。

利用几何关联,可引用其他部件中的几何对象到当前工作部件,再用这些几何对象生成几何体。这样,一方面提高了设计效率,另一方面保证了部件之间的关联性,便于参数化设计。

7.2.3 编辑组件

组件添加到装配以后,可对其进行删除、属性编辑、抑制、替换和重新定位等编辑。本节介绍实现部分编辑的方法和操作过程。

1. 删除组件

选择【菜单】|【编辑】|【删除】命令,系统弹出【类选择】对话框,在该对话框中输入组件的名称,或是利用选择球选择要删除的组件,单击【确定】按钮即完成了该项操作。或者在【装配导航器】中选择需要删除的组件,单击鼠标右键,在弹出的快捷菜单中选择【删除】命令。

2. 替换组件

单击【装配】或者【组件】面组中的【替换组件】按钮 ,或选择【菜单】|【装配】|【组件】|【替换组件】命令,系统弹出如图 7-17 所示的【替换组件】对话框。选择要替换的组件和替换件,设置相关选项,如果需要维持配对关系(装配关系),选中【保持关系】复选框,最后单击【确定】按钮即可完成该项操作。

3. 移动组件

单击【装配】或者【组件位置】面组中的【移动组件】按钮 ,或选择【菜单】|【装配】|【组件位置】|【移动组件】命令,系统弹出如图 7-18 所示的【移动组件】对话框。

图 7-17 【替换组件】对话框　　　　　图 7-18 【移动组件】对话框

移动方式通过【运动】下拉列表框中的选项来定义,其中部分选项的说明如下。

第7章 装配设计

（1）动态　动态地平移或旋转组件的基准参照坐标系，使组件随着基准坐标系位置的变换而移动。

（2）距离　用于按指定的方向和距离移动组件，通过【指定矢量】选项指定移动的方向，在【距离】文本框中输入移动的距离。

（3）角度　用于绕轴和点旋转组件，通过【指定矢量】选项选择旋转轴，单击【点对话框】按钮，打开【点】对话框，指定旋转点，在【角度】文本框中输入要旋转的角度值。

（4）点到点　该选项用于将所选组件从一点移动到另一点。通过【点】对话框选择一个点，作为组件上的基点和组件移动的目标点。

（5）根据三点旋转　用于在两点之间旋转所选的组件。通过【指定矢量】选项选择旋转轴，然后指定起点和终点。

（6）将轴与矢量对齐　用于在选择的两轴之间旋转所选的组件。选择需要移动的组件，然后指定参考轴方向、目标轴方向和参考点等。

（7）坐标系到坐标系　用于采用移动坐标方式重新定位所选组件。

（8）根据约束　通过装配约束的方法来移动组件。指定参考坐标系和目标坐标系，选择一种坐标定义方式定义参考坐标系和目标坐标系，组件从参考坐标系的相对位置移动到目标坐标系中的对应位置。

（9）增量 XYZ　该选项用于平移所选组件。在各文本框中输入沿 X、Y、Z 坐标轴方向的增量，组件将会沿 XC、YC、ZC 坐标轴方向移动一定距离。如果输入值为正，则沿坐标轴正向移动；反之，沿负向移动。

【复制】选项组中的【模式】下拉列表中有【不复制】、【复制】和【手动复制】三个选项。

【设置】选项组中的【仅移动选定的组件】复选框用于设置仅移动选定的组件。

4. 抑制组件与取消组件抑制

（1）抑制组件　抑制组件是指在当前显示中移去组件，使其不执行装配操作。抑制组件并不是删除组件，组件的数据仍然在装配中存在，只是不执行一些装配功能，可以用【取消抑制组件】命令恢复。

单击【装配】或者【组件】面组中的【抑制组件】按钮，或选择【菜单】|【装配】|【组件】|【抑制组件】命令，系统弹出【类选择】对话框，在绘图区中选中一个零件后，单击【确定】按钮，则在绘图区中移去了所选组件。组件抑制后它不在绘图区中显示，也不会在装配工程图和爆炸视图中显示，在装配导航工具中也看不到它。被抑制组件不能进行干涉检查和间隙分析，不能进行质量计算，也不能在装配报告中查看有关信息。

（2）取消抑制组件　取消组件的抑制可以将抑制的组件恢复成原来状态。

单击【装配】或者【组件】面组中的【取消抑制组件】按钮，或选择【菜单】|【装配】|【组件】|【取消抑制组件】命令，系统弹出如图 7-19 所示的【选择抑制的组件】对话框。在对话框的列表框中，列出了所有被抑制的组件。选择要取消抑制的组件，单击【确定】按钮即可完成组件的释放抑制操作。

图 7-19　【选择抑制的组件】对话框

7.3 装配约束

【装配约束】命令通过定义两个组件之间的约束条件来确定组件在装配体中的位置,并确定组件在装配中的相对位置。装配约束由一个或多个关联约束组成,关联约束限制组件在装配中的自由度。定义关联约束时,在图形窗口中系统会自动显示约束符号,如图 7-20 所示,该符号表示组件在装配中没有被限制的自由度。如果组件全部

图 7-20 约束符号

自由度均被限制,称为完全约束,在图形窗口中看不到约束符号。如果组件有自由度没被限制,则称欠约束,在装配中,允许欠约束存在。

在添加组件到装配的过程中,在【添加组件】对话框中的【放置】选项组中选择【约束】单选项,可以在【约束类型】列表框中选择约束类型,对组件进行约束。用户也可以单击【装配】或者【组件位置】面组中的【装配约束】按钮,或选择【菜单】|【装配】|【组件位置】|【装配约束】命令,系统弹出如图 7-21 的【装配约束】对话框。

7.3.1 约束类型

关联类型用于确定关联中的约束关系,NX 中有多种关联类型。

1. 接触对齐约束

在 NX 软件中,将对齐约束和接触约束合为一个约束类型,这两个约束方式都可指定关联类型,使两个同类对象对齐。当在【约束类型】列表框中选择【接触对齐】时,【方位】下拉列表中有【首选接触】、【接触】、【对齐】和【自动判断中心/轴】四个约束方式,下面详细介绍该约束类型的四种约束方式的具体设置方法。

(1)接触 选择【接触对齐】约束类型后,系统默认接触方式为【接触】,接触属于相同类型的约束。

当指定两平面对象为参照时,使两个表面共面且法线方向相反,如图 7-22 所示。对于锥体,系统首先检查其角度是否相等,如果相等,则对齐轴线;对于曲面,系统先检查两个面的内外直径是否相等,若相等则对齐两个面的轴线和位置;对于圆柱面,要求相配组件直径相等才能对齐轴线,对于边缘、线和圆柱表面,接触类似于对齐。

(2)对齐 使用【对齐】约束方式可对齐相关对象。当对齐平面时,使两个表面共面并且法向方向相同;当对齐圆柱、圆锥和圆环面等直径相同的轴类实体时,将使轴线保持一致;当对齐边缘和线时,将使两者共线,如图 7-23 所示。

提示:对齐约束与接触约束的不同之处在于:执行对齐约束时,对齐圆柱、圆锥和圆环面时,并不要求相关联对象的直径相同。

(3)自动判断中心/轴 【自动判断中心/轴】约束方式是指对于选取的两回转体对象,系统将根据选取的参照判断,从而获得接触对齐约束效果。选择约束方式为【自动判断中心/轴】后,选取两个组件对应参照,即可获得该约束效果。

第7章 装配设计

图 7-21 【装配约束】对话框

图 7-22 接触约束

2. 同心约束

同心约束是指定两个具有相同转体特征的对象,将其约束在同一条轴线位置。选择约束类型为【同心】,然后选取两对象回转体边缘轮廓线,即可获得同心约束效果,如图 7-24 所示。

图 7-23 对齐约束

图 7-24 同心约束

3. 距离约束

【距离】约束类型用于指定两个组件对应参照面之间的最小距离,距离可以是正值也可以是负值,正负号确定相配组件在基础组件的哪一侧,如图 7-25 所示。

4. 平行约束

在设置组件和部件、组件和组件之间的约束方式时,为了定义两个组件保持平行对立的关系,可选取两组件对应参照面,使其面与面平行;为更准确显示组件间的关系可定义面与面之间的距离参数,从而显示组件在装配体中的自由度。

设置平行约束可使两组件的装配对象的方向矢量彼此平行。该约束方式与对齐约束相似,不同之处在于:平行约束操作使两平面的法矢量同向,而对齐约束操作不仅使两平面法矢量同向,并且能够使两平面位于同一个平面上,如图 7-26 所示。

图 7-25 距离约束　　　　　图 7-26 平行约束

5．垂直约束

设置垂直约束可以使两组件的对应参照在矢量方向垂直。垂直约束是角度约束的一种特殊形式，可单独设置也可以按照角度约束设置。如图 7-27 所示，选取两组件的对应轴线设置垂直约束。

6．角度约束

角度约束是在两个对象间定义角度尺寸，用于约束相配组件到正确的方位上。在两个具有方向矢量的对象间可设置角度约束，角度是两个方向矢量的夹角。该约束允许关联不同类型的对象，如可以在面和边缘之间指定一个角度约束。

在【装配约束】对话框中，当【约束类型】选择【角度】时，【子类型】下拉式列表中有【方向角】和【3D 角】两个选项。【方向角】约束需要一根转轴，两个对象的方向矢量与其垂直。如图 7-28 所示组件，当角度值为零时，两个关联组件的矢量方向相同。当角度值为 90°时两个组件的矢量方向垂直。

图 7-27 垂直约束　　　　　图 7-28 角度约束

第7章 装配设计

7. 中心约束

在设置组件之间的约束时，对于具有回转体特征的组件，设置中心约束可以使被装配对象的中心与装配组件对象中心重合，从而限制组件在整个装配体中的相对位置。其中相配组件是指需要添加约束进行定位的组件，基础组件是指已经添加完约束的组件。该约束方式包括多个子类型，各子类型的含义介绍如下。

（1）1 对 2 约束类型将相配组件中的一个对象中心定位到基础组件中的两个对象的对称中心上。

（2）2 对 1 将相配组件中的两个对象的对称中心定位到基础组件的一个对象中心位置处。

（3）2 对 2 将相配组件的两个对象和基础组件的两个对象以对称中心布置。

8. 固定

固定约束将组件固定在其当前位置不动，当要确保组件停留在适当位置且根据该组件约束其他组件时，此约束类型很有用。

9. 拟合

拟合约束将半径相等的两个圆柱面结合在一起，常用于孔中销或螺栓定位，如图 7-29 所示。如果组件的半径变为不等，则该约束无效。

10. 胶合

胶合约束将组件焊接在一起，以使其可以像刚体那样移动。选择要胶合的组件，单击【胶合约束】按钮完成胶合约束。

7.3.2 约束导航器

约束导航器是用图形表示装配中各组件的约束关系，如图 7-30 所示。

图 7-29 拟合约束

图 7-30 约束导航器

该导航器有三种类型的节点，分别是根节点、条件节点和约束节点，每类节点都有对应的弹出菜单，用于产生和编辑配对条件与关联约束。

7.4 阵列组件和镜像装配

在装配过程中，除了重复添加相同组件提高装配效率以外，对丁按照圆周或线性分布的组件，可使用【阵列组件】工具命令一次获得多个特征，并且阵列的组件将按照原组件的约束关系进行定位，可极大地提高产品装配的准确性和设计效率。

7.4.1 创建阵列组件

【阵列组件】命令可以从实例特征创建一个阵列,即按照实例的阵列特征类型创建相同的特征。NX 能判断实例特征的阵列类型,从而自动创建阵列。

单击【装配】或者【组件】面组中的【阵列组件】按钮 ,或选择【菜单】|【装配】|【组件】|【阵列组件】命令,系统弹出如图 7-31 所示的【阵列组件】对话框。该对话框与第 5 章中的【阵列特征】对话框相似,相关参数设置可参照本书 5.7.2 节中的阵列特征的相关内容。选取要执行阵列的对象,选择阵列类型,设置阵列参数,单击【确定】按钮即可完成组件阵列。

图 7-31 【阵列组件】对话框

阵列类型有【线性】、【圆形】和【参考】三种。

1. 线性阵列

【线性】类型阵列用于创建一个二维组件阵列,即指定参照,设置行数和列数创建阵列组件特征,也可以创建正交或非正交的组件阵列。只有使用【接触】、【对齐】和【距离】约束类型才能创建部件的线性阵列。

2. 圆形阵列

【圆形】类型阵列同样用于创建一个二维组件阵列,也可以创建正交或非正交的组件阵列,与线性阵列不同之处在于:圆形阵列是将对象沿轴线执行圆周均匀阵列操作。

3. 参考阵列

【参考】类型阵列是以装配体中某一个零件中的阵列特征为参照来进行部件阵列,因此在创建参考阵列前,应提前在装配体的某个零件中创建某一特征的阵列,该特征阵列将作为部件阵列的参照。

7.4.2 镜像装配

在装配过程中,对于沿一个基准面对称分布的组件,可使用【镜像装配】工具命令一次获得多个特征,并且镜像的组件将按照原组件的约束关系进行定位,因此特别适合像汽车底盘等对称的组件装配,只需要完成一边的装配即可。

单击【装配】或者【组件】面组中的【镜像装配】按钮 ,或选择【菜单】|【装配】|【组件】|【镜像装配】命令,系统弹出如图 7-32 所示的【镜像装配向导】对话框。在该对话框中单击【下一步】按钮,这时【镜像装配向导】对话框如图 7-33 所示。然后选取待镜像的组件,该组件可以是单个或多个,接着单击【下一步】按钮,这时【镜像装配向导】对话框如图 7-34 所示。选取基准面为镜像平面,如果没有,可单击【创建基准面】按钮 ,系统弹出【基准平面】对话框,然后创建一个基准面作为镜像平面。

完成上述步骤后单击【下一步】按钮,这时【镜像装配向导】对话框如图 7-35 所示。然后给新部件文件命名并将新部件文件放置到指定目录。接着单击【下一步】按钮,这时【镜像装配向导】对话框如图 7-36 所示。

第7章 装配设计

图 7-32 【镜像装配向导】对话框（一）

图 7-33 【镜像装配向导】对话框（二）

图 7-34 【镜像装配向导】对话框（三）

图 7-35 【镜像装配向导】对话框（四）

图 7-36 【镜像装配向导】对话框（五）

当单击页面右侧需要镜像的组件名称时，列表框下方的相应图标按钮就会变亮，各按钮的含义介绍如下。

（1）重用和重定位 系统默认的镜像类型，即每个选定组件的副本均置于镜像平面的另一侧，而不创建任何的新部件。

（2）关联镜像 该操作将新建部件文件，并将它们作为组件添加到工作部件中，且该部件与原几何体相关联。

（3）非关联镜像 该操作将新建部件文件，并将它们作为组件添加到工作部件中，该部件与原几何体没有关联。

（4）排除 ✕　该操作用于排除在镜像装配中不需要的组件。

单击【下一步】按钮，系统执行镜像操作预览，镜像的组件显示在图形窗口中。单击【完成】按钮完成操作。

7.5　装配爆炸及装配图

完成了零部件的装配后，可以通过爆炸图将装配各部件偏离装配体原位置以表达组件装配关系，便于用户观察。NX 中爆炸图的创建、编辑、删除等操作命令集中在【爆炸图】工具条上。

7.5.1　爆炸图概述

爆炸图是指在装配模型中组件按装配关系偏离原来的位置的拆分图形。爆炸图的创建可以方便用户查看装配中的零件及其相互之间的装配关系。

爆炸图在本质上也是一个视图，与其他用户定义的视图一样，一旦定义和命名就可以被添加到其他图形中。爆炸图与显示部件关联，并存储在显示部件中。用户可以在任何视图中显示爆炸图形，并对该图形进行任何 NX 的操作，该操作也将同时影响到非爆炸图中的组件。爆炸图的特征如下：

1）可对爆炸图中的组件进行所有的 NX 操作，如编辑特征参数等。
2）对爆炸图中任何组件的操作均影响到非爆炸图中的组件。
3）可在任何视图中显示爆炸图。

爆炸图的限制如下：

1）不能爆炸装配部件中的实体。
2）不能在当前模型中输入爆炸图。

一个模型允许有多个爆炸图，NX 默认使用视图名称加 Explode 作为爆炸图的名称。如果名称重复，NX 会在名称前加数字前缀。用户也可以为爆炸图指定不同的名称。

7.5.2　创建爆炸图

完成部件装配后，可建立爆炸图来表达装配部件内部各组件间的相互关系。

利用生成爆炸图工具生成没有间距的初始爆炸图，然后利用自动爆炸组件工具，使各零件沿约束方向偏离指定的距离，生成最终的爆炸图。具体的创建步骤如下：

1）单击【爆炸图】面组中的【新建爆炸】按钮，如图 7-37 所示，或选择【菜单】|【装配】|【爆炸图】|【新建爆炸】命令，如图 7-38 所示，系统弹出如图 7-39 所示的【新建爆炸】对话框。在【名称】文本框中输入爆炸图的名称，单击【确定】按钮，生成一个爆炸图，如果部件比较大，零件比较多，则需花几分钟的时间才会生成爆炸图，时间的长短会根据计算机的配置的不同而不同。从完成后的效果可以看到生成的爆炸图与原装配图相比没有什么变化，这只是因为还没有设置爆炸零件的距离值。

2）单击【爆炸图】面组中的【自动爆炸组件】按钮，或者选择【菜单】|【装配】|【爆炸图】|【自动爆炸组件】命令，系统弹出【类选择】对话框。单击【全选】按钮，系统会选取装配中的所有组件作为爆炸对象，单击【确定】按钮，将弹出如图 7-40 所示的【自

动爆炸组件】对话框。

图 7-37 【爆炸图】面组

图 7-38 【爆炸图】子菜单

图 7-39 【新建爆炸】对话框

图 7-40 【自动爆炸组件】对话框

3）在【自动爆炸组件】对话框中的【距离】文本框中输入距离，单击【确定】按钮，生成爆炸图。

7.5.3 编辑爆炸图

采用自动爆炸，一般不能得到理想的爆炸效果，通常还需要对爆炸图进行调整。利用编辑爆炸图的功能，可以在爆炸图中手动调整零件，使零件沿某个方向移动，或移动到新指定位置。

单击【爆炸图】面组中的【编辑爆炸图】按钮，或选择【菜单】|【装配】|【爆炸图】|【编辑爆炸图】命令，系统弹出如图 7-41 所示的【编辑爆炸】对话框。在该对话框默认的状态下，【选择对象】单选项处于选中状态，在绘图区中选择某个需要编辑的组件，在对话框中选择【只移动手柄】单选项，在绘图区中单击一点，则动态坐标系移动到鼠标指定的新位置。

在对话框中选择【移动对象】单选项，在绘图区选择移动方向，在【编辑爆炸】对话框中的【距离】文本框中输入移动距离，单击【应用】按钮，则零件将沿 Z 轴方向移动指定的距离。单击【确定】按钮，关闭该对话框。

图 7-41 【编辑爆炸】对话框

7.5.4 隐藏视图中的组件

在某些时候，为了方便地观察零件间的装配关系，必须将某些零件移除。利用从视图移除组件功能,可以在爆炸图中将选定的零件转为隐藏状态。

单击【爆炸图】面组中的【隐藏视图中的组件】按钮，系统弹出如图 7-42 所示的【隐藏视图中的组件】对话框,选择某个组件,单击【确定】按钮;或者选择某个组件,单击鼠标中键即可移除组件。

图 7-42 【隐藏视图中的组件】对话框

7.5.5 显示视图中的组件

【显示视图中的组件】命令可以将视图中隐藏的组件重新显示在图形窗口中。

单击【爆炸图】面组中的【显示视图中的组件】按钮，系统弹出如图 7-43 所示的【显示视图中的组件】对话框。选择组件名称,单击【确定】按钮,则所选组件重新显示在图形窗口中。如果视图中没有移除的组件,执行此项操作时,会出现信息提示窗口,说明不能进行本项操作。

7.5.6 取消爆炸组件

利用取消爆炸组件功能可以将已爆炸的组件恢复到原来的位置。

单击【爆炸图】面组中的【取消爆炸组件】按钮，或选择【菜单】|【装配】|【爆炸图】|【取消爆炸组件】命令,系统弹出【类选择】对话框。选择某个组件,单击【确定】按钮,则已爆炸的组件恢复到爆炸前的位置。

7.5.7 删除爆炸图

利用删除爆炸图功能,可以将已建立的爆炸图删除。

单击【爆炸图】面组中的【删除爆炸图】按钮×,或选择【菜单】|【装配】|【爆炸图】|【删除爆炸图】命令,系统弹出如图 7-44 所示的【爆炸图】对话框。对话框中列出了已建立的爆炸图名称,选择要删除的爆炸图的名称,单击【确定】按钮,即可将所选的爆炸图删除。

图 7-43 【显示视图中的组件】对话框

图 7-44 【爆炸图】对话框

7.5.8 切换爆炸图

在【爆炸图】工具条中有一个下拉列表,其中列出了用户所创建的和正在编辑的爆炸图。用户可以根据自己的需要,在该下拉列表中选择要在图形窗口中显示的爆炸图,进行爆炸图的切换,如图 7-45 所示。同时,用户也可以选择下拉列表中的【无爆炸】选项隐藏各个爆炸图。

图 7-45 【爆炸图】面组

7.6 综合应用实例

7.6.1 综合实例 1

综合实例 1 为创建一个夹具装配体,综合实例 1 的装配导航器和模型如图 7-46 所示。

1. 创建一个新的装配文件

单击【快速访问】工具条中的【新建】按钮,系统弹出【新建】对话框。输入文件名称为【夹具】,设置文件位置,【单位】选择【毫米】,【模板】选择【装配】,单击【确定】按钮,即已经创建部件文件,此时系统进入装配环境,弹出如图 7-47 所示的【添加组件】对话框。

2. 装配底板

单击【添加组件】对话框中的【打开】按钮

图 7-46 综合实例 1 装配导航器和模型

,系统弹出【部件名】对话框,选择【底板】文件,单击【确定】按钮,系统返回到【添加组件】对话框。【组件锚点】下拉列表中选择【绝对坐标系】,【装配位置】下拉列表中选择【绝对坐标系-工作部件】;将【设置】选项组展开,【引用集】下拉列表中选择【BODY】,【图层选项】下拉列表中选择【原始的】;单击【应用】按钮。

3. 装配小底板

此时,系统没有退出【添加组件】对话框。单击【打开】按钮,系统弹出【部件名】对话框,选择【小底板】文件,单击【确定】按钮,系统返回到【添加组件】对话框。【放置】选项组选择【约束】,单击【接触对齐】按钮,【方位】下拉列表中选择【接触】;选中【设置】选项组中的【启用预览窗口】复选框,系统弹出如图 7-48 所示的【组件预览】窗口,依次选取如图 7-49 所示的表面 1 和表面 2;【方位】下拉列表中选择【自动判断中心/

轴】，然后依次选取如图 7-50 所示的孔的中心轴或圆柱面；依次选取如图 7-51 所示的孔的中心轴或圆柱面；单击【应用】按钮，结果如图 7-52 所示。

图 7-47　【添加组件】对话框

图 7-48　【组件预览】窗口

图 7-49　选取的表面（一）

图 7-50　选取孔的中心轴或圆柱面（一）　　图 7-51　选取孔的中心轴或圆柱面（二）

4．装配定位销

单击【添加组件】对话框中的【打开】按钮，系统弹出【部件名】对话框，选择【定

第7章 装配设计

位销】文件，单击【确定】按钮，系统返回到【添加组件】对话框。【放置】选项组选择【约束】，单击【接触对齐】按钮，【方位】下拉列表中选择【接触】，依次选取如图 7-53 所示的表面 1 和表面 2；【方位】下拉列表中选择【自动判断中心/轴】，依次选取如图 7-54 所示的圆柱体和孔的中心轴或圆柱面；单击【应用】按钮。采用相同的方法装配另一个定位销，结果如图 7-55 所示。

图 7-52 装配小底板后的模型　　　　　　　图 7-53 选取的表面（二）

5. 装配工件

单击【添加组件】对话框中的【打开】按钮，系统弹出【部件名】对话框，选择【工件】文件，单击【确定】按钮，系统返回到【添加组件】对话框。【放置】选项组选择【约束】，单击【接触对齐】按钮，【方位】下拉列表中选择【接触】，依次选取如图 7-56 所示的表面 1 和表面 2；【方位】下拉列表中选择【自动判断中心/轴】，然后依次选取如图 7-57 所示的圆柱体和孔的中心轴或圆柱面；依次选取如图 7-58 所示的圆柱体和孔的中心轴或圆柱面；单击【应用】按钮，结果如图 7-59 所示。

图 7-54 选取圆柱体和孔的中心轴或圆柱面（一）　　　图 7-55 装配定位销后的模型

图 7-56 选取的表面（三）　　　　图 7-57 选取圆柱体和孔的中心轴或圆柱面（二）

图 7-58 选取圆柱体和孔的中心轴或圆柱面（三）　　图 7-59 装配工件后的模型

6. 装配螺钉

采用与步骤 5 相同的方法装配螺钉，结果如图 7-60 所示。

7. 装配压板

单击【添加组件】对话框中的【打开】按钮，系统弹出【部件名】对话框，选择【压板】文件，单击【确定】按钮，系统返回到【添加组件】对话框。【放置】选项组选择【约束】，单击【接触对齐】按钮，【方位】下拉列表中选择【接触】，依次选取如图 7-61 所示的表面 1 和表面 2；【方位】下拉列表中选择【自动判断中心/轴】，然后依次选取如图 7-62 所示的圆柱体和孔的中心轴或圆柱面，单击【撤销上一个约束】按钮；单击【平行】按钮，依次选取如图 7-63 所示的表面，单击【撤销上一个约束】按钮，单击【应用】按钮。采用相同的方法装配另一个压板，结果如图 7-46b 所示。

图 7-60 装配螺钉后的模型

7.6.2 综合实例 2

综合实例 2 为创建一个肘夹装配体，综合实例 2 的装配导航器和模型如图 7-64 所示。

7-2 综合实例 2

第7章 装配设计

图 7-61 选取的表面（四）　　图 7-62 选取圆柱体和孔的中心轴或圆柱面（四）

图 7-63 选取的表面（五）　　图 7-64 综合实例 2 装配导航器和模型

1. 创建手柄子装配

1）创建一个新的装配文件。单击【快速访问】工具条中的【新建】按钮，系统弹出【新建】对话框。输入文件名称为【手柄】，设置文件位置，【单位】选择【毫米】，【模板】选择【装配】，单击【确定】按钮，即已经创建部件文件，此时系统进入装配环境，弹出【添加组件】对话框。

2）装配手柄杆。单击【添加组件】对话框中的【打开】按钮，系统弹出【部件名】对话框，选择【手柄杆】文件，单击【确定】按钮，系统返回到【添加组件】对话框。【组件锚点】下拉列表中选择【绝对坐标系】，【装配位置】下拉列表中选择【绝对坐标系-工作部件】；将【设置】选项组展开，【引用集】下拉列表中选择【BODY】，【图层选项】下拉列表中选择【原始的】；单击【应用】按钮。

3）装配握柄。单击【添加组件】对话框中的【打开】按钮，系统弹出【部件名】对话框，选择【握柄】文件，单击【确定】按钮，系统返回到【添加组件】对话框。【放置】选项组选择【约束】，单击【接触对齐】按钮，【方位】下拉列表中选择【接触】，依次选取如图 7-65 所示的表面 1 和表面 2；再次依次选取如图 7-66 所示的表面 1 和表面 2；单击【距离】按钮，依次选取如图 7-67 所示的表面 1 和表面 2，【距离】文本框中输入"-16"；单击【应用】按钮，结果如图 7-68 所示。保存并关闭【手柄】装配体文件。

2. 创建压紧装置子装配

1）创建一个新的装配文件。单击【快速访问】工具条中的【新建】按钮，系统弹出【新建】对话框。输入文件名称为【压紧装置】，设置文件位置，【单位】选择【毫米】，【模板】选择【装配】，单击【确定】按钮，即已经创建部件文件，此时系统进入装配环境，弹出【添加组件】对话框。

图 7-65 选取的表面（一）

图 7-66 选取的表面（二）

图 7-67 选取的表面（三）

图 7-68 手柄子装配模型

2）装配推杆 1。单击【添加组件】对话框中的【打开】按钮，系统弹出【部件名】对话框，选择【推杆 1】文件，单击【确定】按钮，系统返回到【添加组件】对话框。【组件锚点】下拉列表中选择【绝对坐标系】，【装配位置】下拉列表中选择【绝对坐标系-工作部件】；将【设置】选项组展开，【引用集】下拉列表中选择【BODY】，【图层选项】下拉列表中选择【原始的】；单击【应用】按钮。

3）装配压杆。单击【添加组件】对话框中的【打开】按钮，系统弹出【部件名】对话框，选择【压杆】文件，单击【确定】按钮，系统返回到【添加组件】对话框。【放置】选项组选择【约束】，单击【接触对齐】按钮，【方位】下拉列表中选择【自动判断中心/轴】，依次选取如图 7-69 所示的圆柱面；单击【距离】按钮，依次选取如图 7-70 所示的表面，【距离】文本框中输入"-20"；单击【应用】按钮，结果如图 7-71 所示。保存并关闭【压紧装置】装配体文件。

3. 创建一个新的装配文件

单击【快速访问】工具条中的【新建】按钮，系统弹出【新建】对话框。输入文件名称为【肘夹】，设置文件位置，【单位】选择【毫米】，【模板】选择【装配】，单击【确定】

第7章 装配设计

按钮,即已经创建部件文件,此时系统进入装配环境,弹出【添加组件】对话框。

图 7-69 选取的圆柱面　　　　图 7-70 选取的表面(四)

图 7-71 压紧装置子装配模型

4. 装配底座

单击【添加组件】对话框中的【打开】按钮,系统弹出【部件名】对话框,选择【底座】文件,单击【确定】按钮,系统返回到【添加组件】对话框。【组件锚点】下拉列表中选择【绝对坐标系】,【装配位置】下拉列表中选择【绝对坐标系-工作部件】;将【设置】选项组展开,【引用集】下拉列表中选择【BODY】,【图层选项】下拉列表中选择【原始的】;单击【应用】按钮。

5. 装配套筒

单击【添加组件】对话框中的【打开】按钮,系统弹出【部件名】对话框,选择【套筒】文件,单击【确定】按钮,系统返回到【添加组件】对话框。【放置】选项组选择【约束】,单击【接触对齐】按钮,【方位】下拉列表中选择【接触】,依次选取如图 7-72 所示的表面 1 和表面 2;【方位】下拉列表中选择【自动判断中心/轴】,然后依次选取如图 7-73 所示的圆柱体和孔的中心轴或圆柱面,单击【应用】按钮;结果如图 7-74 所示。

图 7-72 选取的表面(五)　　　　图 7-73 选取圆柱体和孔的中心轴或圆柱面(一)

6. 装配连杆 1 和连杆 2

装配连杆 1 和连杆 2 的方法与上述的零件装配过程相似，这里不再详述，结果如图 7-75 所示。

7. 装配压紧装置子装配

单击【添加组件】对话框中的【打开】按钮，系统弹出【部件名】对话框，选择【压紧装置】文件，单击【确定】按钮，系统返回到【添加组件】对话框。【放置】选项组选择【约束】，单击【接触对齐】按钮，【方位】下拉列表中选择【接触】，依次选取如图 7-76 所示的表面 1 和表面 2；【方位】下拉列表中选择【自动判断中心/轴】，然后依次选取如图 7-77 所示的圆柱体和孔的中心轴或圆柱面；再依次选取如图 7-78 所示的圆柱体和孔的中心轴或圆柱面，单击【应用】按钮；结果如图 7-79 所示。

图 7-74 装配套筒后的模型

图 7-75 装配连杆 1 和连杆 2 后的模型

图 7-76 选取的表面（六）

图 7-77 选取圆柱体和孔的中心轴或圆柱面（二）

图 7-78 选取圆柱体和孔的中心轴或圆柱面（三）

图 7-79 装配压紧装置子装配后的模型

8．装配手柄子装配

采用与步骤 7. 基本相同的方法装配手柄子装配，结果如图 7-80 所示。

图 7-80　装配手柄子装配后的模型

完成装配后的结果如图 7-64b 所示。

9．爆炸图

1）单击【爆炸图】面组中的【新建爆炸】按钮，或选择【菜单】|【装配】|【爆炸图】|【新建爆炸】命令，系统弹出如图 7-81 所示的【新建爆炸】对话框。在【名称】文本框中输入爆炸图的名称，单击【确定】按钮，生成一个爆炸图。

2）单击【爆炸图】面组中的【自动爆炸组件】按钮，或选择【菜单】|【装配】|【爆炸图】|【自动爆炸组件】命令，系统弹出【类选择】对话框。单击【全选】按钮，系统会选取装配中的所有组件作为爆炸对象，单击【确定】按钮，弹出如图 7-82 所示的【自动爆炸组件】对话框。单击【确定】按钮，生成爆炸图，效果如图 7-83 所示。

图 7-81　【新建爆炸】对话框

图 7-82　【自动爆炸组件】对话框

7.7　思考与练习题

1．何谓装配？NX 12.0 中有几种装配的方法？
2．NX 装配建模有什么特点？
3．简述装配导航器和约束导航器的用途。
4．在 NX 12.0 中，装配约束主要有哪几种类型？
5．什么是装配爆炸图？如何创建并编辑爆炸图？
6．装配平口钳。平口钳的文件在光盘：／7／平口钳／目录下，装配后结果如图 7-84 所示。

图 7-83 爆炸效果图

图 7-84 平口钳的总装配

第 8 章 工程图设计

NX 的工程图主要为了满足二维出图的需要。在 NX 中，利用建模模块创建的三维实体模型，都可以利用工程图模块投影生成二维工程图，并且所生成的工程图与该实体模型是完全关联的，也就是说实体模型的尺寸、形状或位置发生任何改变都会引起二维工程图的相应变化。

8.1 工程图基础知识

8.1.1 工程图概述

NX 的制图功能包括图纸页的管理、各种视图的管理、尺寸和注释标注管理以及表格和零件明细表的管理等。这些功能中又包含了很多子功能，例如，在视图管理中，包括基本视图的管理、剖视图的管理、展开图的管理、局部放大图的管理等；在尺寸和注释标注功能中，包括水平、竖直、平行、垂直等常见尺寸的标注，也包括水平尺寸链、竖直尺寸链的标注，还包括几何公差和文本信息等的标注。

因此 NX 的制图功能非常强大，可以满足用户的各种制图需求。此外，NX 的制图功能生成的二维工程图和几何模型之间是相关联的，即模型发生变化以后，二维工程图也自动更新。这给用户修改模型和修改二维工程图带来了同步的好处，节省了不少的设计时间，提高了工作效率。如果用户不需要这种关联性，还可以对它们的关联性进行编辑，因此可以适应各种用户的要求。

8.1.2 进入制图功能模块

在 NX 12.0 中，可以运用【制图】模块，在建模基础上生成平面工程图。

8-1 进入制图功能模块

工程图一般可实现如下功能。

1）对于任何一个三维模型，可以根据不同的需要，使用不同的投影方法、不同的图幅尺寸，以及不同的视图比例建立模型视图、局部放大视图、剖视图等各种视图；各种视图能自动对齐；完全相关的各种剖视图能自动生成剖面线并控制隐藏线的显示。

2）可半自动对平面工程图进行各种标注，且标注对象与基于它们所创建的视图对象相关；当模型变化和视图对象变化时，各种相关的标注都会自动更新。标注的建立与编辑方式基本相同，其过程也是即时反馈的，使得标注更容易和有效。

3）可在工程图中加入文字说明、标题栏、明细栏等注释。提供了多种绘图模板，也可自定义模板。

4）可用打印机或绘图仪输出工程图。

5）拥有更直观和容易使用的图形用户接口，使得图样的建立更加容易和快捷。

进入制图功能环境有以下两种方式。

1）单击【主页】选项卡【标准】面组上的【新建】按钮，系统弹出如图 8-1 所示的【新建】对话框。在该对话框中单击【图纸】选项卡，选择适当的图样并输入名称，也可以导入要创建图样的部件。单击【确定】按钮进入工程图环境。

图 8-1 【新建】对话框

2）启动 NX 12.0，进入 NX 12.0 的基本操作界面后，打开一个模型文件，单击【应用模块】选项卡，单击【设计】面组中的【制图】按钮，即可进入【制图】功能模块。如图 8-2 所示。

图 8-2 进入【制图】功能模块

采用不同方式进入制图环境，结果也有所不同。第一种方式是新建一个工程图文件，该文件与原文件有关联；第二种方式模型和工程图在一个文件中，当选择不同的工作环境时，系统根据需求显示模型或者工程图。

8.1.3 工程图工作界面

工程图工作界面如图 8-3 所示。在该界面中，利用【插入】菜单中的选项，或【主页】选项卡上所示的各工具条中的功能按钮，可以快速建立和编辑二维工程图。此外，通过界面左侧的部件导航器也可以对工程图中的各操作进行编辑。

第8章 工程图设计

图 8-3 工程图工作界面

8.1.4 工程图参数

工程图参数用于在工程图创建过程中根据用户需要进行相关参数预设置。例如,箭头的大小、线条的粗细、隐藏线的显示与否、视图边界面的显示和颜色设置等。

参数预设置,可以选择【菜单】|【文件】|【实用工具】|【用户默认设置】命令进行设置,也可以到工程图设计界面中选择【菜单】|【首选项】|【制图】命令。下面对各设置参数分别进行介绍。

1. 预设置制图参数

NX 工程制图在添加视图前,应先进行制图的参数预设置。预设置制图参数的方法是选择【菜单】|【首选项】|【制图】命令,系统弹出如图 8-4 所示【制图首选项】对话框。通过该对话框可以设置【常规/设置】、【公共】、【图纸格式】、【尺寸】、【注释】、【符号】和【表】等参数。

2. 预设置视图参数

视图参数用于设置视图中隐藏线、轮廓线、剖视图背景线和光滑边等对象的显示方式。如果要修改视图显示方式或为一张新工程图设置其显示方式,可通过设置视图显示参数来实现,如果不进行设置,则系统会以默认选项进行设置。

在如图 8-4 所示【制图首选项】对话框中,单击【视图】选项卡,【制图首选项】对话框如图 8-5 所示。利用该对话框中的各个选项可以设置所选视图中的边界、隐藏线、可见线、光顺边、投影、截面和截面线等显示方式。

3. 预设置注释参数

预设置注释参数包括 GDT、符号标注、表面粗糙度符号、焊接符号、目标点符号、相交符号、剖面线/区域填充、中心线等参数的预设置。在如图 8-4 所示【制图首选项】对话框中,单击【注释】选项,【制图首选项】对话框如图 8-6 所示。

图 8-4 【制图首选项】对话框

图 8-5 【制图首选项】对话框-视图

4. 预设置尺寸参数

预设置尺寸参数包括工作流程、公差、双尺寸、单侧尺寸、尺寸集、倒斜角、尺寸线、径向、坐标、文本、参考、孔标注等参数的预设置。在如图 8-4 所示【制图首选项】对话框中,单击【尺寸】选项,【制图首选项】对话框如图 8-7 所示。

图 8-6 【制图首选项】对话框-注释

图 8-7 【制图首选项】对话框-尺寸

8.2 图样操作

在 NX 环境中,任何一个三维模型,都可以通过不同的投影方法、不同的图样尺寸和不同的比例建立多样的二维工程图。

第8章 工程图设计

8.2.1 新建图纸页

系统生成工程图中的设置不一定适合于用户的三维模型的比例，因此，在添加视图前，用户最好新建一张工程图，按输出三维实体的要求，来指定工程图的名称、图幅大小、绘图单位、视图默认比例和投影角度等工程图参数，下面对新建工程图的过程和方法进行说明。

进入工程图功能模块后，单击【视图】面组中的【新建图纸页】按钮，或选择【菜单】|【插入】|【图纸页】命令，系统弹出如图 8-8 所示的【工作表】对话框。在该对话框中，选择图纸的大小，输入图纸页名称，指定图样尺寸、比例、投影角度和单位等参数后，单击【确定】按钮。系统弹出如图 8-9 所示的【视图创建向导】对话框。首先应确定要创建的工程图是用户当前打开的模型文件，然后单击【下一步】按钮；对话框过渡到【选项】选项卡，这时可设置视图显示的一些选项，如边界要不要显示，隐藏线的显示类型，中心线、轮廓线、标签和预览的样式等，设置完后，单击【下一步】按钮；对话框过渡到【方向】选项卡，这时需要设置视图的方位，一般采用默认的【前视图】，单击【下一步】按钮；对话框过渡到【布局】选项卡，这时需要选择视图的组合，用户根据需要选择所要的视图，最后单击【完成】按钮，完成图纸页的创建。

图 8-8 【工作表】对话框

图 8-9 【视图创建向导】对话框

完成新建工程图的工作后，在绘图工作区中会显示新设置的工程图，其工程图名称显示于绘图工作区左下角的位置。下面介绍【工作表】对话框中各个选项的用法。

（1）图纸大小　在【工作表】对话框中，【大小】选项组中有三个单选项，可以通过不同的方式建立图纸，介绍如下：

1）使用模块：利用该选项，可以直接在对话框的【图纸中的图纸页】列表中选取所需的图纸名称，然后直接应用于当前工程图模块中即可。

2）标准尺寸：选择该选项，可以在对话框的【大小】下拉列表中选取从 A0～A4 这五种标准图纸中的任何一种作为当前的工程图纸。

3）定制尺寸：选择该选项，可以在新的【工作表】对话框中根据要求在【长度】和【高度】文本框中设置所需图纸的尺寸，也可以对图纸的比例、名称等相关参数进行设置。

（2）比例　该选项用于设置工程图中各类视图的比例大小，系统默认的设置比例是 1∶1，通过设置合适的比例可以将工程图的大小调整为合适的尺寸。

（3）图纸页名称　该文本框用于输入新建工程图的名称。名称最多可包含 30 个字符，但不能含空格，输入的名称系统会自动转化为大写方式。

（4）单位　图纸规格随所选工程图单位的不同而不同，在【工作表】对话框中如果选择了【英寸】单位，则为英制规格；如果选择【毫米】单位，则为公制规格。

（5）投影角度　该选项用于设置视图的投影角度方式。系统提供的投影角度有两种，第一角投影和第三角投影。按我国制图标准，一般应选择第一角投影的投影方式。

8-4　编辑图纸页

8.2.2　编辑图纸页

如果想更换一种表现三维模型的方式（如增加剖视图等），那么原来设置的工程图参数势必不合要求（如图纸规格、比例不适当），这时可以对已有的工程图有关参数进行修改。可在【部件导航器】中选择需要打开的图纸页，单击鼠标右键，在弹出的快捷菜单中选择【编辑图纸页】命令，如图 8-10 所示。单击【视图】面组中的【编辑图纸页】按钮；或选择【菜单】|【编辑】|【图纸页】命令；系统弹出类似于如图 8-8 所示的【工作表】对话框。

可按前面介绍的建立工程图的方法，在对话框中修改已有工程图的名称、尺寸、比例和单位等参数。完成修改后，系统就会以新的工程图参数来更新已有的工程图。在编辑工程图时，投影角度参数只能在没有产生投影视图的情况下被修改，如果已经生成了投影视图，应将所有的投影视图删除后执行编辑工程图的操作。

8-5　基本视图

8.2.3　基本视图

一个工程图中最少要包含一个基本视图，基本视图也是工程图中最重要的视图，它可以是实体模型的各种视图，如俯视图、前视图、右视图等中的一种。在选择基本视图时，应该尽量反映物体的主要形状特征。要创建基本视图，可单击【视图】面组中的【基本视图】按钮，或选择【菜单】|【插入】|【视图】|【基本】命令，系统弹出如图 8-11 所示的【基本视图】对话框。在该对话框中，可以选择需添加的部件模型、基本视图的种类以及视图的样式、显示比例等参数，具体介绍如下。

（1）指定要为其创建基本视图的部件　系统默认加载的当前工作部件为要创建基本视图的部件。如果想更改要创建基本视图的部件，用户需要展开【部件】选项组，从【已加载的部件】列表或【最近访问的部件】列表中选择所需的部件，或者单击【打开】按钮，从系统弹出的【部件名】对话框中选择。

（2）指定视图原点　可以在【基本视图】对话框的【视图原点】选项组中选择放置方法选项，并可以启用光标跟踪功能。设置好相关内容后，使用鼠标光标将定义好的基本视图放置在图纸页面上即可。

图 8-10　快捷菜单

图 8-11　【基本视图】对话框

（3）定向视图　在【基本视图】对话框中展开【模型视图】选项组，从【要使用的模型视图】下拉列表中选择相应的视图选项即可生成对应的基本视图。【要使用的模型视图】下拉列表中提供的视图选项包括【俯视图】、【前视图】、【右视图】、【后视图】、【仰视图】、【左视图】、【正等测图】和【正三轴测图】等。

用户可以在【模型视图】选项组中单击【定向视图工具】按钮，系统弹出如图 8-12 所示的【定向视图工具】对话框和【定向视图】窗口。利用该对话框通过定义视图法向、X 向等来定向视图，在定向过程中可以在【定向视图】窗口选择参照对象及调整视角等。在【定向视图工具】对话框中执行某个操作后，视图的操作效果立即动态地显示在【定向视图】窗口中，以方便用户观察视图方向，调整并获得满意的视图方位。完成定向视图操作后，单击【定向视图工具】对话框中的【确定】按钮。

（4）设置比例　在【基本视图】对话框的【比例】选项组的【比例】下拉列表中选择所需的一个比例值，也可以从中选择【比率】选项或【表达式】选项来定义比例。

（5）设置视图样式　通常使用系统默认的视图样式即可。如果在某些特殊制图情况下，默认的视图样式不能满足用户的设计要求，那么可以采用手动的方式指定视图样式。其方法是在【基本视图】对话框的【设置】选项组中单击【设置】按钮，系统弹出如图 8-13 所示的【基本视图设置】对话框。在对话框中，用户单击相应的选项卡标签即可切换到该选项卡中，然后进行相关的参数设置。

图 8-12 【定向视图工具】对话框和【定向视图】窗口　　图 8-13 【基本视图设置】对话框

8.2.4 添加投影视图

8-6 添加投影视图

一般情况下，单一的基本视图很难将实体模型的形状特征表达清楚，在添加完成基本视图后，还需要进行其他投影视图的添加才能够完整地表达实体模型的形状及结构特征。在创建好基本视图后继续移动鼠标，此时将自动弹出如图 8-14 所示的【投影视图】对话框，然后在视图中的适当位置单击鼠标左键即可添加其他投影视图。或单击【视图】面组中的【投影视图】按钮，或选择【菜单】|【插入】|【视图】|【投影】命令，同样弹出如图 8-14 所示的【投影视图】对话框。

此时可以接受系统自动指定的父视图，也可以单击【父视图】选项组下的【选择视图】按钮，从图纸页面上选择其他视图作为父视图。接下去便是定义铰链线、指定视图原点以及移动视图的操作。由于在 8.2.3 节中已经介绍过设置视图样式和指定视图原点的操作，这里不再重复介绍。下面着重介绍定义铰链线和移动视图的操作。

（1）铰链线　在【投影视图】对话框的【铰链线】选项组中，可以从【矢量选项】下拉列表中选择【自动判断】选项或【已定义】选项。当选择【自动判断】矢量选项时，系统基于在图纸页中的父视图来自动判断投射矢量方向，此时可以设置是否选中【关联】复选框；如果选择【已定义】矢量选项，由用户手动定义一个矢量作为投射方向。如果需要，可以单击【反转投影方向】按钮，以设置反转投射方向。

（2）移动视图　当指定投影视图的视图样式、放置位置等之后，如果对该投影视图在图纸页的放置位置不太满意，则可以在【投影视图】对话框的【移动视图】选项组中单击【视图】按钮，然后使用鼠标光标按住投影视图将其拖到图纸页的合适位置处释放即可。图 8-15 所示是由基本视图通过投影关系建立的投影视图。

8.2.5 添加局部放大图

8-7 添加局部放大图

局部放大图在实际的工程图设计中时常应用到。例如，针对一些模型中的细小特征或结构，需要创建该特征或该结构的局部放大图。在如图 8-16 所示的制图示例中，应用了以局部放大图来表达图样的细节结构。

第8章 工程图设计

图 8-14 【投影视图】对话框   图 8-15 创建投影视图的实例

图 8-16 应用局部放大图

单击【视图】面组中的【局部放大图】按钮，或选择【菜单】|【插入】|【视图】|【局部放大图】命令，系统弹出如图 8-17 所示的【局部放大图】对话框。

图 8-17 【局部放大图】对话框

利用【局部放大图】对话框可执行以下操作。

（1）指定局部放大图边界的类型选项　在类型下拉列表中选择一种选项来定义局部放大图的边界形状，可供选择的类型选项有【圆形】、【按拐角绘制矩形】和【按中心和拐角绘制矩形】，默认的类型选项为【圆形】。

（2）定义边界和指定放置视图的位置　按照所选的类型选项为【圆形】、【按拐角绘制矩形】或【按中心和拐角绘制矩形】分别在视图中指定点来定义放大区域的边界，系统会就近判断父视图。例如，选择类型选项为【圆形】时，先在视图中单击一点作为放大区域的中心位置，然后指定另一点作为边界圆周上的一点。

（3）定义父项上的标签　在【父项上的标签】选项组中，在【标签】下拉列表中可以选择【无】、【圆】、【注释】、【标签】、【内嵌】和【边界】选项来定义父项上的标签。

（4）设置放大比例值　在【比例】选项组中的【比例】下拉列表中选择所需的一个比例值，或者从中选择【比率】选项或【表达式】选项来定义比例。

8.2.6　添加剖视图

当绘制的某些零件内部结构较为复杂时，其内部结构很难用一般的视图表达清楚，给看图和标注尺寸带来困难。此时，可以为工程图添加各类剖视图，如全剖视图、半剖视图、旋转剖视图、展开剖视图以及局部剖视图，以便更清晰、更准确地表达该实体模型的内部结构。

单击【视图】面组中的【剖视图】按钮▥，或选择【菜单】|【插入】|【视图】|【剖视图】命令，系统弹出如图 8-18 所示的【剖视图】对话框。在【截面线】选项组中的【定义】下拉列表中选择【动态】或【选择现有的】选项。当选择【动态】选项时，允许指定动态截面线，【方法】下拉列表中有【简单剖/阶梯剖】、【半剖】、【旋转】和【点到点】等选项，可以选择方法创建类型；当选择【选择现有的】选项时，【剖视图】对话框如图 8-19 所示，此时选择用于剖视图的独立截面线，指定视图原点即可创建所需的剖视图。

图 8-18　【剖视图】对话框（一）

对于指定动态截面线的情形，如果需要修改默认的截面线线型（即剖切线样式），可以在【设置】选项组中单击【设置】按钮，系统弹出如图 8-20 所示的【剖视图设置】对话框。利用该对话框定制满足当前设计要求的截面线样式和视图标签。

图 8-19 【剖视图】对话框（二）　　　　　　图 8-20 【剖视图设置】对话框

1. 简单剖视图

可以使用【简单剖/阶梯剖】选项创建常见的全剖视图，全剖视图能够以一个假想的平面为剖切平面，对视图进行整体的剖切操作。下面以【动态】选项为例，介绍如何创建简单全剖视图。

8-8　简单剖视图

单击【视图】面组中的【剖视图】按钮，系统弹出如图 8-18 所示的【剖视图】对话框。在【截面线】选项组中的【定义】下拉列表中选择【动态】，【方法】下拉列表中选择【简单剖/阶梯剖】；在【铰链线】选项组的【矢量选项】下拉列表中选择【自动判断】选项，单击【反转剖切方向】按钮；单击【截面线段】选项组中的【指定位置】按钮，在当前图纸页上的视图上指定如图 8-21 所示的圆心作为截面线段位置；此时【视图原点】选项组中的【指定位置】按钮自动处于被选中状态，其【方向】选项默认为【正交的】，在绘图区中指定放置视图位置，结果如图 8-22 所示。

图 8-21 指定圆心作为截面线段位置　　　　图 8-22 生成的全剖视图

2. 阶梯剖视图

阶梯剖视图是采用几个平行的剖切平面来剖开机件形成的视图。在 NX 12.0 中，创建阶梯剖视图与创建简单全剖视图相似，不同之处主要在于创建阶梯剖视图时需要指定其他的截面线段和转折位置等。下面介绍如何创建阶梯剖视图。

8-9　阶梯剖视图

单击【视图】面组中的【剖视图】按钮，系统弹出如图 8-18 所示的【剖视图】对话框。在【截面线】选项组中的【定义】下拉列表中选择【动态】，【方法】下拉列表中选择【简单剖/阶梯剖】。在【铰链线】选项组的【矢量选项】下拉列表中选择【自动判断】选项，选中【关联】复选框，单击【反转剖切方向】按钮。单击【父视图】选项组中的【选择视图】按钮，在图纸页上选择父视图。单击【截面线段】选项组中的【指定位置】按钮，在当前图纸页上的视图上指定如图 8-23 所示的圆心作为支线 1 切割位置。移动光标选择剖视图方向（锁定与铰链线对齐），如图 8-25 所示位置；单击鼠标右键，在弹出的快捷菜单中选择与【截面线段】命令，如图 8-25 所示；或者单击【剖视图】对话框中的【截面线段】选项组中的【指定位置】按钮，然后在父视图中选择下一个用于放置剖切线的点，如图 8-26 所示；然后添加所需的后续剖切位置，选择如图 8-27 所示的圆心定义新的剖切线位置。在父视图中拖动所需截面线的手柄并将它拖到全新适合位置处（修改剖切线转折位置）。此时单击【视图原点】选项组中的【指定位置】按钮，将光标移动到剖视图放置位置，然后单击鼠标左键，从而放置该阶梯剖视图，结果如图 8-28 所示。

图 8-23　指定圆心作为支线 1 切割位置

图 8-24　剖视图放置位置

图 8-25　【截面线段】命令

图 8-26　添加第二个剖切线位置

第8章 工程图设计

SECTION A-A

图 8-27 添加新的剖切段位置　　　图 8-28 阶梯剖视图

3．半剖视图

当机件具有对称平面时，在垂直于对称平面的投影面上，以对称中心线为界，一半画成剖视图，另一半画成视图，这样组成的内外兼顾的图形，称为半剖视图。可以从任何父图样视图创建一个投影半剖视图。下面介绍如何创建半剖视图。

 8-10 半剖视图

单击【视图】面组中的【剖视图】按钮，系统弹出如图 8-18 所示的【剖视图】对话框。在【截面线】选项组中的【定义】下拉列表中选择【动态】，【方法】下拉列表中选择【半剖】；需要时可以在【父视图】选项组中单击【选择视图】按钮，在图纸页上选择父视图；单击【截面线段】选项组中的【指定位置】按钮，在视图中选择如图 8-29 所示的中点作为截面线段位置，接着选择如图 8-30 所示的圆心完成定义截面线段位置；在图纸页上指定放置视图的位置，从而完成创建半剖视图操作，结果如图 8-31 所示。

图 8-29 定义剖切位置　　　图 8-30 定义折弯位置

4．旋转剖视图

用几个相交的剖切平面剖开机件，将与基本投影面倾斜的剖切面剖开并旋转到与基本投影面平行后再进行投射，以表达具有回转特征机件的内部形状的视图，称为旋转剖视图。下面介绍如何创建旋转剖视图。

 8-11 旋转剖视图

单击【视图】面组中的【剖视图】按钮，系统弹出【剖视图】对话框。在【截面线】选项组中的【定义】下拉列表中选择【动态】，【方法】下拉列表中选择【旋转】；如果当前图纸页中有多个视图，可以在【父视图】选项组中单击【选择视图】按钮，在图纸页选择父视图；在【截面线段】选项组中使用【指定旋转点】功能来定义旋转点，通过【指定支线 1 位置】指定支线 1 切割位置，通过【指定支线 2 位置】指定支线 2 切割位置；最后指定放置视图位置，生成的旋转剖视图如图 8-32 所示。

SECTION B-B

图 8-31 半剖视图

SECTION A-A

图 8-32 旋转剖视图

5. 展开剖视图

创建展开的点到点剖视图是指使用父视图中连接一系列指定点的剖切线来创建展开剖视图。

单击【视图】面组中的【剖视图】按钮，系统弹出【剖视图】对话框。在【截面线】选项组中的【定义】下拉列表中选择【动态】，【方法】下拉列表中选择【点到点】；需要定义铰链线、截面线段和视图原点等，然后放置视图。图 8-33 所示为生成的点到点剖视图。

8-12 展开剖视图

8.2.7 局部剖视图

局部剖视图是指使用剖切面局部剖开机件而得到的剖视图，如图 8-34 所示。

8-13 局部剖视图

在 NX 12.0 中，可以通过在父图样视图中移除一个部件区域来创建局部剖视图。需要注意的是，在 NX 12.0 中，在创建局部剖视图之前，需要先定义和视图关联的局部剖视图边界。

1. 定义局部剖视图边界

定义局部剖视边界的典型方法如下。

1）在工程图中选择要进行局部剖视的视图，单击鼠标右键，在弹出的快捷菜单中选择【展开】或者【扩大】命令，从而进入视图模块工作状态。

图 8-33　点到点剖视图　　　　　　　图 8-34　创建局部剖视图

2）使用相关的曲线功能，选择【菜单】|【插入】|【曲线】|【艺术样条】命令，在要建立局部剖切的部位，绘制局部剖切的边界线。例如，绘制如图 8-35 所示的局部剖切边界线。

3）完成创建边界线后，单击鼠标右键，在弹出的快捷菜单中选择【扩大】命令，返回到工程图状态。这样便建立了与选择视图相关联的边界线。

2. 创建局部剖视图

下面结合示例介绍创建局部剖视图的一般操作方法。

1）单击【视图】面组的【局部剖视图】按钮 ，或选择【菜单】|【插入】|【视图】|【局部剖】命令，系统弹出如图 8-36 所示的【局部剖】对话框。通过该对话框可以进行局部剖视图的创建、编辑和删除操作。创建局部剖视图的操作主要包括选择视图、指定基点、设置投射方向（指定拉伸矢量）、选择剖视边界（选择曲线）和编辑剖视边界（修改边界曲线）五个方面，分别与图 8-36 中所示的五个工具按钮图标相对应。

图 8-35　定义局部剖视边界线　　　　图 8-36　【局部剖】对话框（一）

2）在【局部剖】对话框中选择【创建】单选项，选择一个待生成局部剖的视图。如果要将局部剖视边界以内的图形切除，那么可以选中【切穿模型】复选框。通常不选中该复选框。选择一个视图后，【局部剖】对话框如图8-37所示。

3）定义基点。选择要生成局部剖的视图后，【指出基点】按钮图标被激活。在图纸页上的关联视图（如相应的投影视图等）中指定一点作为剖切基点。

4）指定拉伸矢量。指定基点位置后，【局部剖】对话框中【指定拉伸矢量】按钮被激活，【局部剖】对话框如图8-38所示。此时在绘图区域中显示默认的投射方向。用户可以接受默认的方向，也可以使用矢量功能选项定义其他合适的方向作为投射方向。如果单击【矢量反向】按钮，则要求的方向与当前显示的方向相反。指定拉伸矢量（即投射方向）后，单击鼠标中键继续下一个操作步骤。

图8-37 【局部剖】对话框（二）

图8-38 【局部剖】对话框（三）

5）选择剖视边界。指定基点和投射矢量方向后，【局部剖】对话框中的【选择曲线】按钮被激活，同时出现【链】按钮和【取消选择上一个】按钮，如图8-39所示。

● 【链】按钮：单击该按钮，系统弹出如图8-40所示的【成链】对话框，系统提示选择边界。在视图中选择剖切边界线，接着单击【成链】对话框中的【确定】按钮，然后选择起点附近的截断线。

图8-39 【局部剖】对话框（四）

图8-40 【成链】对话框

● 【取消选择上一个】按钮：用于取消上一次选择曲线的操作。

6）编辑剖视边界。选择所需剖视边界曲线后，【局部剖】对话框中的【修改边界曲线】

按钮 被激活并处于被选中的状态，同时出现一个【捕捉作图线】复选框。如果用户觉得指定的边界线不太理想，可以通过选择一个边界点来对其进行编辑修改。

7）对剖视边界线满意之后，单击【局部剖】对话框中的【应用】按钮，完成在选择的视图中创建局部剖视图操作。

利用【局部剖】对话框，还可以对选定的局部剖进行编辑或删除操作。

8-14 断开视图

8.2.8 断开视图

创建断开视图是指将图样视图分解出多个边界并进行压缩，从而隐藏不感兴趣的部分。断开视图的应用示例如图 8-41 所示。

图 8-41 断开视图的应用

单击【视图】面组中的【断开视图】按钮，或选择【菜单】|【插入】|【视图】|【断开视图】命令，系统弹出如图 8-42 所示的【断开视图】对话框。如果当前图纸页上存在着多个视图，则需要选择要断开的视图。

图 8-42 【断开视图】对话框

下面介绍轴断开视图的创建步骤。

1）单击【视图】面组中的【断开视图】按钮，系统弹出【断开视图】对话框。选择一个视图为主模型视图。

2）定义断裂线 1（第一个封闭边界），只需用光标移动视图偏向左侧的某个位置，单击鼠标左键即可。

3）定义断裂线 2（第二个封闭边界）。使用同定义第一个封闭边界一样的方法来定义第二个封闭边界,但是位置在视图的右侧,如图8-43所示。

图8-43　定义第二个封闭边界

4) 在【设置】选项组中的【样式】下拉列表中选择断裂线的样式。

5) 单击【断开视图】对话框中的【确定】按钮或者【应用】按钮,生成的断开视图如图8-41所示。

8.2.9　定向剖视图

创建定向剖视图是指通过指定切割方位和位置来创建剖视图。下面结合典型实例介绍创建定向剖视图的一般操作方法。

1) 单击【视图】面组中的【定向剖视图】按钮,或选择【菜单】|【插入】|【视图】|【定向剖】命令,系统弹出如图8-44所示的【截面线创建】对话框。用户可以采用【3D 剖切】的方式,也可以采用【2D 剖切】的方式。需要定义【剖切方向】和【切割位置】,【对齐】选项有【无】、【水平】和【垂直】。

2) 在这里,以选择【3D 剖切】单选项和设置【对齐】选项为【无】为例,选择定义切割方向和箭头位置,箭头方向等设置满意后,单击【确定】按钮以创建剖切线。

3) 系统弹出如图8-45所示的【定向剖视图】对话框。用户可以在【定向剖视图】对话框中设置是否创建中心线、视图标签和比例标签等。

4) 在图纸页上指定该定向剖视图的放置位置,如图8-46所示。

图8-44　【截面线创建】对话框　　图8-45　【定向剖视图】对话框　　图8-46　放置定向剖视图

8.2.10 轴测剖视图与轴测半剖视图

系统提供的【轴测剖视图】命令和【轴测半剖视图】命令也是很实用的。它们分别用于从父视图创建一个基于轴测（3D）视图的全剖视图和半剖视图。这两个命令的操作方法和步骤差不多，下面以【轴测剖视图】命令为例进行操作方法介绍。

单击【视图】面组中的【轴测剖视图】按钮，或选择【菜单】|【插入】|【视图】|【轴测剖】命令，系统弹出如图 8-47 所示的【轴测图中的简单剖/阶梯剖】对话框。利用该对话框中的五个工具按钮分别进行相应步骤的操作。

1)【选择父视图】选项 首先处于被选中的状态，在图纸页选择父视图。选择父视图后，【轴测图中的简单剖/阶梯剖】对话框中的【定义箭头方向】按钮被激活。

2) 选择对象或选项以定义箭头方向矢量。单击【应用】按钮后，【定义剖切方向】按钮自动被激活。

3) 选择对象或选项以定义剖切方向，然后单击【应用】按钮。

4) 系统弹出如图 8-48 所示的【截面线创建】对话框。定义【剖切位置】和【折弯位置】等。然后单击【确定】按钮。

图 8-47 【轴测图中的简单剖/阶梯剖】对话框　　图 8-48 【截面线创建】对话框

5)【轴测图中的简单剖/阶梯剖】对话框中的【放置视图】按钮自动被切换至激活选中状态，在图纸页合适位置处指定一点来放置视图。

8.2.11 对齐视图

在工程图中，将不同的视图按照所需的位置要求进行移动并使之对齐的操作，即为对齐视图。

单击【视图】面组中的【视图对齐】按钮，或选择【菜单】|【编辑】|【视图】|【对齐】命令，系统弹出如图 8-49 所示的【视图对齐】对话框，下面对各个选项进行说明。

1. 对齐方式

【对齐】选项组中的选项用于确定视图的对齐方式。在【方法】下拉列表中系统提供了多种视图对齐的方式。

(1) 叠加 选取该对齐方式后，系统会设置各视图的基准点进行重合对齐。
(2) 水平 选取该对齐方式后，系统会设置各视图的基准点进行水平对齐。
(3) 竖直 选取该对齐方式后，系统会设置各视图的基准点进行竖直对齐。
(4) 垂直于直线 选取该对齐方式后，系统会设置各视图的基准点垂直某一直线对齐。
(5) 自动判断 选取该对齐方式，系统根据选择的基准点不同，用自动推断方式对齐视图。

2．视图对齐选项

视图对齐选项用于设置对齐时的基准点。基准点是视图对齐时的参考点，在【对齐】下拉列表中对齐基准点的选择方式有三种。
(1) 模型点 该选项用于选择模型中的一点作为基准点。
(2) 对齐至视图 该选项用于选择视图的中心点作为基准点。
(3) 点到点 该选项按点到点的方式对齐各视图中所选择的点。选择该选项时，用户需要在各对齐视图中指定对齐基准点。

8.2.12 定义剖面线

单击【注释】面组中的【剖面线】按钮，或者选择【菜单】|【插入】|【注释】|【剖面线】命令，系统弹出如图 8-50 所示的【剖面线】对话框。该对话框用于在用户定义的边界内填充剖面线或图案，用于局部添加剖面线或对局部的剖面线进行修改。需要注意的是用户自定义边界只能选择曲线、实体轮廓线、剖视图中的边等，不能选择实体边。

图 8-49 【视图对齐】对话框

图 8-50 【剖面线】对话框

8.2.13 移动/复制视图

移动/复制视图操作都可以重新设置视图在工程图中的位置，不同之处在于前者是将原视图直接移动至指定位置，后者是在原视图的基础上新建一个副本，并将该副本移动至指定的位置。

单击【视图】面组中的【移动/复制视图】按钮，或选择【菜单】|【编辑】|【视图】|【移动/复制】命令，系统弹出如图 8-51 所示的【移动/复制视图】对话框。在对话框中，可以通过【复制视图】复选框指定是移动还是复制视图，应用该对话框可以完成视图的移动或复制工作。

1. 移动或复制方式

在 NX 系统中，共提供了以下五种移动或复制视图的方式。

（1）至一点　选择该选项，在工程图中指定要移动或复制的视图后，系统将移动或复制该视图到某指定点。

（2）水平　选择该选项，在工程图中指定要移动或复制的视图后，系统即可沿水平方向来移动或复制该视图。

（3）竖直　选择该选项，在工程图中指定要移动或复制的视图后，系统即可沿竖直方向来移动或复制该视图。

（4）垂直于直线　选择该选项，在工程图中指定要移动或复制的视图后，系统即可沿垂直于一条直线的方向移动/复制该视图。

（5）至另一图样　选择该选项，在工程图中指定要移动或复制的视图后，系统即可将所选的视图移动或复制到指定的另一张工程图中。

2. 复制视图

该选项用于指定视图的操作方式是移动还是复制，选中该复选框，系统将复制视图，否则将移动视图。

3. 视图名

该选项可以指定进行操作的视图名称，用于选择需要移动或是复制的视图，与在绘图区中选择视图的作用相同。

4. 距离

该选项用于指定移动或复制的距离。选取该选项，系统会按文本框中指定的距离值移动或复制视图，不过该距离是按照规定的方向来计算的。

5. 取消选择视图

该选项用于取消用户已经选择过的视图，以进行新的视图选择。

用户在进行移动或复制视图操作时，先在视图列表框或绘图工作区中选择要移动的视图，再确定视图的操作方式：是进行移动，还是复制。再设置视图移动或复制的方式，并拖动视图边框到理想位置，系统会将所选视图按指定方式移动到工程图中的指定位置。

8.2.14 更新视图

在创建工程图的过程中，当需要在工程图和实体模型之间切换，或需要去掉不必要的显示部分时，可以利用本节介绍的视图显示更新方法。

单击【视图】面组中的【更新视图】按钮，系统弹出如图 8-52 所示的【更新视图】对话框。该对话框用于选择要更新的视图。

图 8-51 【移动/复制视图】对话框

图 8-52 【更新视图】对话框

（1）选择视图　利用该按钮，可以在图样中任意选取需要更新的视图。

（2）显示图纸中的所有视图　该复选框用于控制视图列表框中所列出的视图种类。选中该复选框，列表框中列出所有的视图，反之，将不显示过时视图，需要手动选择需要更新的过时视图。

（3）选择所有过时视图　该按钮用于选择工程图中所有过时视图。

（4）选择所有过时自动更新视图　该按钮用于自动选择工程图中所有过时的视图。

8.2.15　视图边界

定义视图边界是指将视图以所定义的矩形线框或封闭曲线为界线进行显示的操作。在绘制工程图的过程中，经常会遇到重新定义视图边界的情况。

单击【视图】面组中的【视图边界】按钮，或选择【菜单】|【编辑】|【视图】|【边界】命令，系统弹出如图 8-53 所示的【视图边界】对话框。对话框上部为视图列表框和视图边界类型选项，下部为定义视图边界和选择相关对象的功能选项。下面介绍该对话框中各选项的用法。

1. 视图列表框

该列表框中列出了要定义边界的视图。在进行定义视图边界操作前，用户先要选择所需的视图。选择视图的方法有两种：一种是在视图列表框中选择视图，另外一种是直接在绘图区中选择视图。当视图选择错误时，还可单击【重置】按钮重新选择视图。

图 8-53 【视图边界】对话框

2. 视图边界类型

该下拉列表用于设置视图边界的类型。NX 中提供了四种边界类型。

（1）自动生成矩形 该类型边界可随模型的更改而自动调整视图的矩形边界。

（2）手工生成矩形 该类型边界在定义矩形边界时，在选择的视图中按住鼠标左键并拖动鼠标，来生成矩形边界，该边界也可随模型更改而自动调整视图的边界。

（3）断裂线/局部放大图 该类型边界用断裂线或局部视图边界线来设置任意形状的视图边界。该类型边界仅仅显示出被定义的边界曲线围绕的视图部分。选择该类型后，系统提示选择边界线，用户可用鼠标在视图中选择已定义的断开线或局部视图边界线。

如果要定义这种形式的边界，应在弹出【视图边界】对话框前，先创建与视图关联的断开线。

（4）由对象定义边界 该类型边界是通过选择要包围的对象来定义视图的范围，用户可在视图中调整视图边界来包围所选择的对象。选择该类型后，系统提示选择要包围的对象，用户可利用【包含的点】或【包含的对象】按钮，在视图中选择要包围的点或线。

3．锚点

锚点是指将视图边界固定在视图中指定对象的相关联的点上，使边界随指定点的位置变化而变化。如果没有指定锚点，当模型修改时，视图边界中的对象部分可能发生位置变化，使得视图边界中所显示的内容不是希望的内容。反之，如果指定与视图对象关联的固定点，则当模型修改时，即使产生了位置变化，视图边界会跟着指定点进行移动。

4．链

该选项用于选择链接曲线，用户可按顺时针方向选取曲线的开始段和结束段，系统会自动完成整条链接曲线的选取。

5．取消选择上一个

该选项用于取消前一次所选择的曲线。

6．边界点

该选项用于指定边界点来改变视图边界。

8.3 尺寸标注和注释

8-15 尺寸标注

8.3.1 尺寸标注

尺寸标注用于标识对象的尺寸大小。由于 NX 工程图模块和三维实体造型模块是完全关联的，因此，在工程图中进行尺寸标注就是直接引用三维模型真实的尺寸，具有实际的含义，因此无法像二维软件中的尺寸可以进行改动，如果要改动零件中的某个尺寸参数需要在三维实体中修改。如果三维模型被修改，工程图中的相应尺寸会自动更新，从而保证了工程图与模型的一致性。

选择【菜单】|【插入】|【尺寸】子菜单中的命令（图 8-54），或单击如图 8-55 所示的【尺寸】面组中相应的按钮，系统弹出各自的对话框。该对话框中一般可以设置尺寸类型、点/线位置、引线位置、附加文字、公差设置和尺寸线设置等，应用这些对话框可以创建和编辑各种类型的尺寸。

工具条中常用的尺寸类型如下。

1）快速尺寸：该选项由系统自动判断选用哪种尺寸标注类型进行尺寸标注。

图 8-54 【尺寸】子菜单中的命令　　　　图 8-55 【尺寸】面组

2）线性尺寸┝┥：该选项用于在两个对象或点位置之间创建线性尺寸。
3）径向尺寸⚲：该选项用于标注工程图中所选圆或圆弧的半径或直径尺寸。
4）角度尺寸⌐：该选项用于标注工程图中所选两直线之间的角度。
5）倒斜角尺寸⚲：该选项用于在倒斜角曲线上创建倒斜角尺寸。
6）厚度尺寸⚲：该选项用于标注工程图中两要素之间的厚度。
7）弧长尺寸⚲：该选项用于标注工程图中所选圆弧的弧长尺寸。
8）周长尺寸⚲：该选项用于创建周长约束以控制选定直线和圆弧的长度。
9）坐标尺寸⚲：用来在工程图中定义一个原点的位置，作为距离的参考点位置，进而可以明确地给出所选择对象的水平或垂直坐标（距离）。

1. 快速尺寸

单击【尺寸】面组中的【快速尺寸】按钮，或选择【菜单】|【插入】|【尺寸】|【快速】命令，系统弹出如图 8-56 所示的【快速尺寸】对话框。

图 8-56 【快速尺寸】对话框

【测量】选项组中的【方法】下拉列表中有【自动判断】、【水平】、【竖直】、【点到点】、【垂直】、【圆柱式】、【斜角】、【径向】和【直径】等选项，通常选择【自动判断】选项，这样可以根据选定对象和光标的位置自动判断尺寸类型来创建一个尺寸。【参考】选项组用于选择相应的参考对象。【原点】选项组用于指定尺寸文本放置的原点位置。

单击【快速尺寸】对话框中【设置】选项组中的【设置】按钮，系统弹出如图 8-57 所示的【快速尺寸设置】对话框。

该对话框中有【文字】、【直线/箭头】、【层叠】、【前缀/后缀】、【公差】、【双尺寸】、【折线】、【窄尺寸】、【尺寸线】、【文本】和【参考】等选项，对话框中的大部分选项可以在【制图首选项】对话框中设置。

2．线性尺寸

单击【尺寸】面组中的【线性尺寸】按钮，或选择【菜单】|【插入】|【尺寸】|【线性】命令，系统弹出【线性尺寸】对话框，该对话与【快速尺寸】对话框相似，可以在两个对象或点之间创建线性尺寸。【测量】选项组中的【方法】下拉列表中有【自动判断】、【水平】、【竖直】、【点到点】、【垂直】、【圆柱式】和【孔标注】等选项，创建线性尺寸的操作与创建快速尺寸的操作方法类似。

3．径向尺寸

径向尺寸用于创建圆形对象（圆弧或圆）的半径或直径尺寸。单击【尺寸】面组中的【径向尺寸】按钮，或选择【菜单】|【插入】|【尺寸】|【径向】命令，系统弹出如图 8-58 所示的【径向尺寸】对话框。【测量】选项组中的【方法】下拉列表中有【自动判断】、【径向】、【直径】和【孔标注】等选项，可根据不同的测量方法进行相应的操作。对于采用【径向】测量方法而言，还可以为大圆弧创建带折线的半径，此时除了选择要标注径向尺寸的参考对象之外，还需要选择偏置中心点和折叠位置。使用【径向尺寸】命令同样可以创建孔标注。

图 8-57 【快速尺寸设置】对话框

图 8-58 【径向尺寸】对话框

4．角度尺寸

角度尺寸用于在两条不平行的直线之间创建角度尺寸。单击【尺寸】面组中的【角度尺

寸】按钮，或选择【菜单】|【插入】|【尺寸】|【角度】命令，系统弹出如图 8-59 所示的【角度尺寸】对话框。在【参考】选项组中指定【选择模式】，通常默认【选择模式】为【对象】，然后分别选择形成夹角的第一个对象和第二个对象来创建其角度的尺寸。

5. 倒斜角尺寸

倒斜角尺寸用于在倒斜角曲线上创建倒斜角尺寸。单击【尺寸】面组中的【倒斜角尺寸】按钮，或选择【菜单】|【插入】|【尺寸】|【倒斜角】命令，系统弹出如图 8-60 所示的【倒斜角尺寸】对话框。在【参考】选项组中分别选择倒斜角对象和参考对象，然后单击【设置】选项组中的【设置】按钮，系统弹出【倒斜角尺寸设置】对话框。在该对话框中设置倒斜角的格式和指引线格式等，还可以设置【前缀/后缀】选项。

6. 厚度尺寸

厚度尺寸用于创建一个厚度尺寸，以测量两条曲线之间的距离。单击【尺寸】面组中的【厚度尺寸】按钮，或选择【菜单】|【插入】|【尺寸】|【厚度】命令，系统弹出如图 8-61 所示的【厚度尺寸】对话框。选择要标注厚度尺寸的第一个对象和第二个对象，可自动放置或手动放置厚度尺寸。

图 8-59 【角度尺寸】对话框　　图 8-60 【倒斜角尺寸】对话框　　图 8-61 【厚度尺寸】对话框

7. 弧长尺寸

弧长尺寸用于创建一个弧长尺寸来测量圆弧周长。单击【尺寸】面组中的【弧长尺寸】按钮，或选择【菜单】|【插入】|【尺寸】|【弧长】命令，系统弹出如图 8-62 所示的【弧长尺寸】对话框。选择要标注弧长尺寸的对象，然后自动放置或手动放置弧长尺寸即可。

8. 周长尺寸

周长尺寸用于创建周长约束以控制选定直线和圆弧的集体长度。

9. 坐标尺寸

坐标尺寸用于创建一个坐标尺寸，测量从公共点到某一位置距一条坐标基线的距离。坐标尺寸由文本和一条延长线（可以是直的，也可以有一段折线）组成，它描述了从被称为坐标原点的公共点到对象上某个位置距坐标基线的距离。单击【尺寸】面组中的【坐标尺寸】按钮，或选择【菜单】|【插入】|【尺寸】|【坐标】命令，系统弹出如图 8-63 所示的【坐标尺寸】对话框。先选择类型，类型有【单个尺寸】和【多个尺寸】两个选项，再选择圆点

和基线，然后选择标注坐标尺寸的对象，最后自动放置或手动放置坐标尺寸即可。

10．标准编辑工具栏

双击已标注的尺寸，或选取已标注的尺寸单击鼠标右键，在弹出的快捷菜单中选择【编辑】命令，如图 8-64 所示，系统弹出如图 8-65 所示的【尺寸编辑】对话框。该对话框的各个选项功能介绍如下。

图 8-62 【弧长尺寸】对话框　　图 8-63 【坐标尺寸】对话框　　图 8-64 快捷菜单

图 8-65 【编辑尺寸】对话框

1）⌐⌐ ▼：用于设置尺寸类型。
2）公差 x ▼：用于设置尺寸标注时的公差形式。
3）⊠：用于检测尺寸。
4）✎ ▼：用于设置尺寸文本位置。
5）【编辑附加文本】按钮 A：单击该按钮，系统弹出【附加文本】对话框，用于添加注释文本。

6)名义尺寸X.XX｜▼：用于设置尺寸标注时的精度，其数值对应所标注尺寸值的小数位数。

7){x}：用于设置参考尺寸。

8)【文本设置】按钮：单击该按钮，系统弹出【文本设置】对话框，用于设置尺寸显示和放置等参数。

8.3.2 文本编辑器

制图符号和后文要介绍的几何公差、文本注释都要通过文本编辑器来标注，因此，本小节先介绍一下文本编辑器的用法。

单击相关对话框中的【编辑文本】按钮A，系统弹出如图 8-66 所示的【文本】对话框。通过该对话框可对单元格中的文本进行文字、符号、文字样式、文字高度等属性的编辑。

8.3.3 插入中心线

1．中心标记

【中心标记】命令用于在点、圆心或弧心等位置创建中心标记。单击【注释】面组中的【中心标记】按钮，或选择【菜单】|【插入】|【中心线】|【中心标记】命令，系统弹出如图 8-67 所示的【中心标记】对话框。

单击【选择对象】按钮，在视图中指定对象，单击【确定】按钮即可生成中心点标记。编辑中心点标记时，需要在单击【选择中心标记】按钮后选取中心点标记，然后通过输入【缝隙】大小、【中心十字】、【延伸】距离和角度【值】等方式来控制中心标记的显示。

2．螺栓圆中心线

该选项用于标注圆周分别的螺纹孔中心线。完整螺栓圆的半径始终等于从螺栓圆中心到选取的第一个点的距离。单击【注释】面组中的【螺栓圆中心线】按钮，或选择【菜单】|【插入】|【中心线】|【螺栓圆】命令，系统弹出如图 8-68 所示的【螺栓圆中心线】对话框。

3．圆形中心线

该选项用于通过点或圆弧创建完整圆形中心线。完整圆形中心线的半径始终等于从圆形中心线圆心到选取的第一个点的距离。单击【注释】面组中的【圆形中心线】按钮，或选择【菜单】|【插入】|【中心线】|【圆形】命令，系统弹出如图 8-69 所示的【圆形中心线】对话框。其用法与【螺栓圆中心线】相似。

4．对称中心线

该选项用于在图样上创建对称中心线，以指明几何体中的对称位置。其目的是节省绘制对称几何体另一半的时间。单击【注释】面组中的【对称中心线】按钮，或选择【菜单】|【插入】|【中心线】|【对称】命令，系统弹出如图 8-70 所示的【对称中心线】对话框。利用该对话框可创建对称中心线。

5．自动中心线

该选项用于为视图自动添加中心线，用户只需直接指定视图即可。如果螺栓圆孔不是圆形实例集，则将为每个孔创建一条线性中心线。该选项不能为小平面表示视图、展开剖视图和旋转剖视图自动添加中心线。单击【注释】面组中的【自动中心线】按钮，或选择【菜单】|【插入】|【中心线】|【自动】命令，系统弹出如图 8-71 所示的【自动中心线】对话框。选取视图，单击【确定】按钮，完成自动中心线添加。

第8章 工程图设计

图 8-66 【文本】对话框　　图 8-67 【中心标记】对话框　　图 8-68 【螺栓圆中心线】对话框

图 8-69 【圆形中心线】对话框　　图 8-70 【对称中心线】对话框　　图 8-71 【自动中心线】对话框

8.3.4 文本注释

文本注释主要用于对图样相关内容进一步说明。例如，特征某部分的具体要求，标题栏中有关文本，以及技术要求等。单击【注释】面组中的【注释】按钮A，或选择【菜单】|【插入】|【注释】|【注释】命令，系统弹出如图 8-72 所示的【注释】对话框。

图 8-72 【注释】对话框

用户可以先在【设置】选项组中单击【设置】按钮A，系统弹出【设置】对话框，利用【设置】对话框设置所需的文本样式和层叠样式，设置好后，单击【关闭】按钮，系统会返回到【注释】对话框。在【注释】对话框中的【设置】选项组中还可以指定是否竖直文本，设置文本斜体角度、粗体宽度和文本对齐方式。

在【注释】对话框中的【文本输入】选项组中输入注释文本，如果需要编辑文本，可以展开【编辑文本】子选项组（区域）进行相关的编辑操作。确定要输入的注释文本后，在图纸页上指定原点位置即可将注释文本插入到该位置。

如果创建的注释文本要带指引线，则需要在【注释】对话框的【指引线】选项组中，单击【选择终止对象】按钮，以选择终止对象，接着设置指引线类型，指定是否带折线等，然后根据系统提示进行相应操作来完成带指引线的注释文本。

用户要生成一段文本标注，一般执行如下步骤。

1）单击【注释】面组中的【注释】按钮A，系统弹出【注释】对话框。

2）在文本编辑框中输入文字。

3）移动光标确定文本位置。

4）将【输入文本】选项组中的【符号】子选项组展开，在文本框中输入文字和符号。

5）在【指引线】选项组中的【类型】下拉列表中选择【普通】选项，确定箭头方式，选择要标注的图，按住鼠标左键不放，拖动鼠标，确定标注位置，完成标注操作。

8.3.5 几何公差标注

几何公差的标注是将几何、尺寸和公差符号组合在一起的标注。【特征控制框】命令作用主要为标注几何公差等。单击【注释】面组中的【特征控制框】按钮，或选择【菜单】|【插入】|【注释】|【特征控制框】命令，系统弹出如图8-73所示的【特征控制框】对话框。

图8-73 【特征控制框】对话框

当要在视图中标注几何公差时，首先要选择公差框架格式，可根据需要选择单个框架或复合框架。然后选择几何公差项目符号，并输入公差数值和选择公差的标准。

用户要生成一个几何公差符号，一般执行如下步骤。

1）单击【注释】面组中的【特征控制框】按钮，系统弹出【特征控制框】对话框。

2）在【框样式】下拉列表中选择框架格式。

3）在【特性】下拉列表中选择几何公差符号，在【公差】子选项组中的【公差】文本框中输入公差，在【第一基准参考】下拉列表中选择基准符号。

4）单击选择需要标注的图素，按住鼠标左键不放，拖动鼠标，确定标注位置。

几何公差标注涉及框架、文本、箭头、符号等修改，这些修改在不同的菜单中进行，一般操作步骤如下。

1）单击需要修改的几何公差，单击鼠标右键，弹出快捷菜单。

2）选择【编辑】命令，系统弹出【特征控制框】对话框，可以对文本、符号进行修改。

3）选择【设置】命令，系统弹出【设置】对话框，可对箭头式样、文字类型、几何公差框高度进行修改。

8.3.6 基准特征

【基准特征符号】命令主要用于注释基准符号。单击【注释】面组中的【基准特征符号】按钮，或选择【菜单】|【插入】|【注释】|【基准特征符号】命令，系统弹出如图 8-74 所示的【基准特征符号】对话框。

8.3.7 粗糙度符号标注

在首次标注表面粗糙度符号时，要检查 Drafting 模块中的 Insert 下拉菜单中是否存在 Surface Finish Symbol 菜单命令。如果没有该菜单命令，用户要在 NX 安装目录的 UgII 子目录中找到环境变量设置文件"ugii_env.dat"，并用写字板将其打开，将环境变量【UGII_SURFACE_FINISH】的默认设置改为【ON】。保存环境变量设置文件后，重新进入 NX 系统，才能进行表面粗糙度的标注工作。

单击【注释】面组中的【表面粗糙度符号】按钮，或选择菜单【插入】|【注释】|【表面粗糙度符号】命令，系统弹出如图 8-75 所示的【表面粗糙度】对话框，用于在视图中对所选对象进行表面粗糙度的标注。

图 8-74 【基准特征符号】对话框

图 8-75 【表面粗糙度】对话框

对话框上部的【除料】下拉列表用于选择表面粗糙度符号类型，对话框中部的可变显示区用于显示所选表面粗糙度类型的标注参数和表面粗糙度单位及文本尺寸，对话框下部的选项用于指定表面粗糙度的相关对象类型和确定表面粗糙度符号的位置。

标注表面粗糙度时,先在对话框上部选择表面粗糙度符号类型,然后在对话框的可变显示区中依次设置该粗糙度类型的单位、文本尺寸和相关参数,如果需要还可以在【圆括号】下拉列表框中选择括号类型。在指定各参数后,再在对话框下部指定粗糙度符号的方向,选择与粗糙度符号关联的对象类型,最后在绘图工作区中选择指定类型的对象,确定标注粗糙度符号的位置,系统就可按设置的要求标注表面粗糙度符号。

1. 表面粗糙度参数

根据零件表面的不同要求,用户在对话框中可选择合适的粗糙度参数标注类型,随着所选粗糙度类型和单位的不同,在可变显示区中粗糙度的各参数列表框(a1、a2、b、c、d、e、f1、f2)中也会显示不同的参数。用户既可以在下拉列表中选择粗糙度数值,也可以直接输入粗糙度数值。

2. 圆括号

该选项用于指定标注表面粗糙度符号时是否带括号,其下拉列表中有四个选项。

- 无:选择该选项,标注的表面粗糙度不带括号。
- 左侧:选择该选项,标注的表面粗糙度带左括号。
- 右侧:选择该选项,标注的表面粗糙度带右括号。
- 两侧:选择该选项,标注的表面粗糙度两边都带括号。

8.4 综合应用实例

为了更好地说明如何创建工程图、如何添加视图、如何进行尺寸的标注等工程图的常用操作,本节将以一个实例的形式系统地对整个过程进行说明。

本实例主要介绍轴承座的工程图的创建过程,轴承座的工程图如图 8-76 所示,具体的创建过程如下。

图 8-76 轴承座工程图

1. 打开文件

启动 NX 12.0，单击【标准】工具条中的【打开】按钮 ，系统弹出【打开】对话框。选择在本书配套资源根目录下的 8 / 轴承座.prt 文件，单击【OK】按钮，即打开部件文件。

2. 进入制图模块

单击【应用模块】选项卡中【设计】面组中的【制图】按钮 ，系统进入制图环境。单击【视图】面组中的【新建图纸页】按钮 ，或选择【菜单】|【插入】|【图纸页】命令，系统弹出如图 8-77 所示的【工作表】对话框。选中【使用模板】单选项，【大小】下拉列表中选择【A2-无视图】，其他采用默认值，单击【确定】按钮。系统弹出如图 8-78 所示的【视图创建向导】对话框。连续两次单击【下一步】按钮，【视图创建向导】对话框如图 8-79 所示。单击【定制的视图】按钮 ，系统弹出如图 8-80 所示的【定向视图工具】对话框和如图 8-81 所示的【定向视图】预览窗口。在【定向视图】预览窗口中选取如图 8-82 所示的实体表面；单击【定向视图工具】对话框中【X 向】选项组中的【指定矢量】，然后选取如图 8-83 所示的实体边缘，单击【确定】按钮，系统返回到【视图创建向导】对话框。单击【完成】按钮，结果如图 8-84 所示。

图 8-77 【工作表】对话框

图 8-78 【视图创建向导】对话框（一）

图 8-79 【视图创建向导】对话框（二）

图 8-80 【定向视图工具】对话框

图 8-81 【定向视图】预览窗口

图 8-82 选取实体表面

图 8-83 选取实体边缘

图 8-84 生成的视图

3．修改视图的边线大小

在【部件导航器】中选择上面创建的视图，单击鼠标右键，在弹出的快捷菜单中选择【边界】命令，如果 8-85 所示，系统弹出如图 8-86 所示的【视图边界】对话框。选择【手工生成矩形】选项，然后在绘制区绘制如图 8-87 所示的矩形，以确定视图的边界区域，然后移动视图到适当的位置。

图 8-85 快捷菜单

图 8-86 【视图边界】对话框

4．生成主视图

单击【视图】面组中的【投影视图】按钮，或选择【菜单】|【插入】|【视图】|【投影】命令，系统弹出如图 8-88 所示的【投影视图】对话框。系统自动指定父视图，在俯视图上方适当的位置放置主视图，单击【关闭】按钮，结果如图 8-89 所示。

图 8-87　确定边界区域　　　　　　　　　图 8-88　【投影视图】对话框

5．创建局部剖视图

（1）切换视图成员模型工作状态　在工程图的主视图上单击鼠标右键，在弹出的快捷菜单中选择【扩大】命令，进入到视图成员模型工作状态。

（2）绘制剖视边界曲线　选择【菜单】|【插入】|【曲线】|【艺术样条】命令，系统弹出如图 8-90 所示的【艺术样条】对话框。选中【封闭】复选框，在主视图上绘制一条封闭曲线，如图 8-91 所示。

图 8-89　添加的视图　　　　　　　　　　图 8-90　【艺术样条】对话框

（3）返回工作状态　在视图中单击鼠标右键，在弹出的快捷菜单中选择【扩大】命令，将视图切换到工程图状态。

（4）创建局部剖视图　单击【视图】面组中的【局部剖视图】按钮，系统弹出如图 8-92 所示的【局部剖】对话框。选择【ORTHO@7】视图，作为生成局部剖的视图。选择视图后，对话框中的【指定基点】按钮激活，在俯视图中选取孔的中心，如图 8-93 所示，单击鼠标中键接受默认的拉伸矢量，如图 8-93 所示。

图 8-91　绘制剖视边界曲线

图 8-92　【局部剖】对话框

（5）选取剖视图边界曲线　指定拉伸矢量后，对话框中的【选择曲线】按钮激活，选择前面绘制的封闭曲线，然后单击【应用】按钮，完成局部剖视图的创建，结果如图 8-94 所示。

图 8-93　选取的拉伸矢量

图 8-94　生成局部剖视图

6．创建左视图（剖视图）

单击【视图】面组中的【剖视图】按钮，或选择【菜单】|【插入】|【视图】|【剖视图】命令，系统弹出如图 8-95 所示的【剖视图】对话框。在【截面线】选项组中的【定义】下拉列表中选择【动态】，【方法】下拉列表中选择【简单剖/阶梯剖】；在【铰链线】选项组的【矢量选项】下拉列表中选择【已定义】选项，【指定矢量】下拉列表中选择【YC】；单击【截面线段】选项组中的【指定位置】按钮，在主视图指定如图 8-95 所示的圆心作为截面线段位置；此时【视图原点】选项组中的【位置】按钮自动处于被选中状态，其【方向】选项默认为【正交的】，在图形区中指定放置视图位置，结果如图 8-96 所示。

7．标注尺寸

单击【尺寸】面组中的【快速尺寸】按钮，系统弹出【快速尺寸】对话框。在【测量】选项组的【方法】下拉列表中选择【水平】，按如图 8-97 所示的图形标注水平尺寸。

图 8-95 【剖视图】对话框

图 8-96 生成的剖视图

图 8-97 标注水平尺寸

在【测量】选项组的【方法】下拉列表中选择【竖直】，按如图 8-98 所示的图形标注竖直尺寸。

在【测量】选项组的【方法】下拉列表中选择【圆柱式】，按如图 8-99 所示的图形标注圆柱式尺寸。

在【测量】选项组的【方法】下拉列表中选择【直径】，按如图 8-100 所示的图形标注直径尺寸。

图 8-98 标注竖直尺寸

图 8-99 标注圆柱式尺寸

图 8-100 标注直径尺寸

利用【快速尺寸】对话框中的其他测量方法，标注出该工程图其他尺寸，最终结果如图 8-101 所示。

8．标注表面粗糙度

单击【注释】面组中的【表面粗糙度符号】按钮√，或选择菜单【插入】|【注释】|【表面粗糙度符号】命令，系统弹出如图 8-102 所示的【表面粗糙度】对话框。【属性】选项组的【除料】下拉列表中选择【修饰符，需要除料】，【波纹（c）】文本框中输入"Ra 3.2"；【设置】选项组的【角度】文本框中输入放置角度，按如图 8-76 所示的图形标注表面粗糙度。

9．标注文本

单击【注释】面组中的【注释】按钮A，或选择【菜单】|【插入】|【注释】|【注释】命令，系统弹出如图 8-103 所示的【注释】对话框。在【文本输入】选项组中输入技术要求，如图 8-76 所示。

图 8-101 标注尺寸

图 8-102 【表面粗糙度】对话框

图 8-103 【注释】对话框

8.5 思考与练习题

1. 简述创建局部剖视图的基本步骤。
2. 如何根据自身需求进行工程图参数预设置？
3. 如何创建注释？
4. 如何在【建模】应用模块和【制图】应用模块之间切换？

5. 什么是图纸页？如何新建和打开图纸页？
6. 如何插入基本视图和投影视图？
7. 如何在视图中进行表面结构要求标注？
8. 总结尺寸标注的一般操作方法与步骤。
9. 创建如图 8-104 和图 8-105 所示的图形的模型并生成工程图。

图 8-104 练习题 1

图 8-105 练习题 2